Frank Rönicke

Russlands schwere Hauber

Ural, KrAZ & Co
Die großen LKW der UdSSR

Motor buch Verlag

Impressum

Einbandgestaltung: Sven Rauert

Bildnachweis: Archiv des Autors, Hersteller, Bundesarchiv, Wikimedia Commons, Deutsche Fotothek
Für die Unterstützung bei der Texterstellung bedanke ich mich bei Michaela Hesslinger, Igersheim

ISBN: 978-3-613-04690-0

1. Auflage 2024

Sie finden uns im Internet unter www.motorbuch-verlag.de

Innengestaltung: ERWE-WERBUNG, Ralf Weinreich
Druck und Bindung: DZS GRAFIK d.o.o.
Printed in Slovenia

Inhalt

Foto: Ralf Weinreich

Vorwort

Wenn man seine Kindheit und Jugend in der DDR verbracht hat, konnte man ihnen kaum aus dem Wege gehen – den großen Haubenlastern von unseren »Freunden« aus der Sowjetunion. Wenn man dann noch – so wie ich – rechts ein Stück vom Dorf weg eine Kaserne der Roten Armee vor der Nase hatte und links ein Stück vom Dorf weg Tag und Nacht die Bagger eines Braunkohletagebaus quietschen hörte, war man nahezu täglich mit diesen Fahrzeugen konfrontiert. Mit den sowjetischen Soldaten waren wir Kinder tatsächlich gute Freunde und das Klettern auf die Ladefläche eines Ural-375D kein Problem. Wenn ich an dieser Stelle daran zurückdenke, habe ich immer noch den Geruch in der Nase, der einmalig war und einem nie wieder woanders begegnete. Schon als Zehnjähri-

ger war es ein Hobby von mir, Kraftfahrzeuge nach ihren Modellbezeichnungen zu identifizieren und so kannte ich besagten Ural, dazu die verschiedensten ZIL-Typen und natürlich den – für ein Kind – noch riesigeren KrAZ. Den nahm ich allerdings nur im Braunkohletagebau wahr, wo er als Kipper die bei der Bahnverladung über Bord gegangenen Kohlenreste abfuhr.

Während meines Grundwehrdienstes in einem Artillerieregiment zogen ZIL-131 unsere 122er Haubitzen, ein Ural-375 D die Feldküche und ein ZIL-130 Tankwagen sicherte den Benzinnachschub. Spätestens ab der zweiten Hälfte der 1970er Jahre dominierten sowjetische Typen die Kraftfahrzeugparks der NVA; DDR-Baumuster waren lediglich noch Ergänzungsfahrzeuge. Wer in der NVA diente und das waren die meisten Männer zwischen 18 und 26 Jahren, hatte mehr oder weniger mit den großen Sowjetlastern zu tun. Ein Grund mit, warum diese heute Kultstatus genießen und auf keinem Ostfahrzeugtreffen fehlen dürfen – gestiegener Spritpreise bei Verbräuchen von bis zu 100 Liter auf 100 Kilometer zum Trotz.

Einem Großkipper von BelAZ begegnete ich ebenfalls während meines Grundwehrdienstes, allerdings auf zivilem Sektor. In der Silvesternacht 1978/79 wurden wir unsanft aus den Betten geholt, die wir erst Wochen später wiedersehen sollten. Die Temperaturen waren zu niedrig, der Schnee zu hoch – die Wirtschaft der DDR, insbesondere die Energieversorgung, kollabierte. In einer Koksschwelerei waren die meisten Teerleitungen geplatzt und wir waren tagelang damit beschäftigt, den Boden des Betriebsgeländes mit der Spitzhacke von gefrorenem Teer zu befreien. Aufgeladen wurde der mittels eines Förderbandes auf einen riesigen Kipper – einen BelAZ, dessen genaue Typenbezeichnung ich leider nicht mehr benennen kann.

S oder Z

SIL oder ZIL, das war für mich die Frage, die mich lange beschäftigte. Bei allen in diesem Buch genannten Typen bzw. deren Werken, steht das »Z« für das russische »Sawod«, also Fabrik oder Werk. Das S wird dabei scharf ausgesprochen, was international zum Z führte. In der Presse- und Buchlandschaft der DDR wurden die Typen bis in die 80er Jahre hinein als »KrAS« oder »BelAS« vorgestellt, ab etwa Mitte des Jahrzehnts wechselte man hier vom S zum Z. Ähnlich erging es den deutschsprachigen Publikationen der sowjetischen Außenhandelsfirma Avtoexport. Sofern nicht in original kyrillischen Buchstaben dargestellt, wechselte man auch hier bei den Typenbezeichnungen vom S zum Z. Und so warf ich meine eigene, jahrzehntealte Schreibweise über Bord und passte mich der Moderne an.

Frank Rönicke

ZIS und ZIL – Nutzfahrzeuge aus Moskau

Triple-green © CC-BY-SA-2.0

Die erste Nutzfahrzeugfabrik auf dem Gebiet der späteren Sowjetunion geht auf die 1916 in Tjufelewaja Rostscha bei Moskau gegründete Autofabrik Moskau, kurz »AMO«, zurück, die zunächst aber nur als Reparaturwerk von importierten Kraftfahrzeugen gedacht war. Denn eine eigene Fahrzeugproduktion hatte es im rückständigen zaristischen Russland bis dahin nicht gegeben. In den ersten Jahren hielten sich hier die Instandsetzungen von echten Kraftfahrzeugen einerseits und Pferde- sowie Ochsenfuhrwerken andererseits etwa die Waage. Im Ersten Weltkrieg kamen mit Beginn der russischen Frühjahrsoffensive 1916 Beutefahrzeuge hinzu und der Betrieb musste ständig erweitert werden.

Nach der Oktoberrevolution 1917 und der Übernahme des Landes durch die Kommunisten wurde das AMO-Werk im August 1918 in Volkseigentum überführt. 1922/23 entstanden hier zwei Lastwagen-Prototypen nach Fiat-Vorbild mit Hinterradantrieb und Doppelbereifung hinten. Die »Uajt-AMO« genannten Fahrzeuge entsprachen technisch und optisch aber längst nicht mehr dem aktuellen Entwicklungsstand, so dass man im Frühjahr 1924 begann, den moderneren Fiat 15 für eine eigene Serienfertigung ins Visier zu nehmen. Am 7. November (üblicherweise zum Jahrestag der Oktoberrevolution, nach dem damals in Russland noch gebräuchlichen julianischen Kalender) des gleichen Jahres wurde dann der erste AMO F 15 der Öffentlichkeit vorgestellt. Die 15 stand für die Nutzlast von 1,5 Tonnen und auch sonst entsprach das Fahrzeug optisch und technisch seinem italienischen Vorbild. Wobei die Konstrukteure nicht müde wurden, die »wesentlichen« Verbesserungen gegenüber dem Original hervorzuheben. Der 4396 ccm große Vierzylindermotor leistete 35 PS bei 1400 U/min. Die Serienproduktion lief nur sehr schleppend an, wobei man berücksichtigen muss, dass es bis dahin eigentlich keine ausgebildeten Fahrzeugbauer und -konstrukteure gab und dass fehlende Werkzeugmaschinen durch Handarbeit mit Hammer und anderen Grobwerkzeugen ersetzt werden mussten. 1925 sollen 113 Fahrzeuge produziert worden sein, im letzten vollen Produktionsjahr 1930 waren es dann schon 3227 Laster. 1931 lief die Fertigung des AMO F 15, der stetig weiterentwickelt worden war und für den es zahlreiche Aufbauvarianten gab, aus.

Der »Uajt-AMO« war ein erster Versuch des Moskauer Automobilwerkes, einen LKW auf die Räder zu stellen. Aber unter anderem die Vollgummireifen und der offene Fahrerstand waren nicht mehr zeitgemäß.

1926 begann der Ausbau des Werkes, der zu einem modernen Automobilwerk führen sollte. Dazu wurde der gelernte Schlosser und zwischenzeitliche Matrose Iwan Alexander Lichatschow, der aus einem kleinen Dorf bei Leningrad stammte, engagiert und mit einer Gruppe von Arbeitern und Ingenieuren in die USA geschickt. Genauer gesagt nach Detroit zu den Ford-Werken, die zu dieser Zeit die modernsten Produktionsanlagen für Kraftfahrzeuge in der Welt besaßen. Damals offensichtlich noch ohne Berührungsängste mit Bolschewisten oder Kommunisten, erhielten Lichatschow und seine Männer Einblick in den modernen Fahrzeugbau und kauften neue sowie ausrangierte, aber immer noch brauchbare Werkzeugmaschinen und Produktionsanlagen ein.

Lichatschow wurde zum Leiter des AMO-Werkes ernannt, dessen Modernisierung bis 1931 weitestgehend abgeschlossen wurde. 1932 konnten dann schon 15.000 Lkw, jetzt vom neuentwickelten Typ AMO-3, die Werkhallen verlassen. Mit einem 60-PS-Motor bestückt, war es möglich 2,5 Tonnen Nutzlast zuzuladen. Dass die neuen Lkw viele Ford-Gene in sich trugen, war natürlich auch ein Ergebnis der USA-Reise Lichatschows gewesen.

Mit dem sich stetig steigernden Personenkult um den sowjetischen Diktator Josef Stalin wurde das Moskauer Werk 1934 von AMO in ZIS (Sawod Imini Stalina) umbenannt. Gleichzeitig wurde aus dem AMO-3 mit geringen Veränderungen der ZIS-5. Dessen Traglast stieg auf drei Tonnen und die Leistung des 6-Zylinder-Ottomotors (5550 ccm Hubraum)

Der AMO F 15 von 1924 – hier das allererste fertige Modell – gilt als erster in Serie gefertigter LKW der UdSSR.

Wenngleich es vom ersten sowjetischen Laster schon zahlreiche Sonderaufbauten gab, blieb doch das Pritschenfahrzeug die meistgebaute Version.

Der AMO-2 mit 2,5 Tonnen Nutzlast und in den Jahren 1931/32 gebaut, wurde bereits von einem Sechszylinder-Motor angetrieben.

auf 73 PS. Der ZIS-5 wurde zur Basis einer ganzen Nutzfahrzeugfamilie: Autobusse, Sattelauflieger, Dreiachser und Halbkettenfahrzeuge gehörten dazu, diese wiederum mit den verschiedensten Spezialaufbauten. Nach dem Überfall Deutschlands auf die UdSSR im Sommer 1941 avancierte der ZIS-5 zum wichtigsten Transportmittel der Roten Armee. Als Tankwagen, Stabsbus, Sanitätsfahrzeug oder Zugmaschine für Geschütze war der Lkw im Zweiten Weltkrieg unentbehrlich. Deshalb hatten

AMO-3 oder ZIS-5 – optisch waren die beiden Fahrzeuge kaum zu unterscheiden. Aber der Sechszylinder-Motor des AMO holte aus 4880 ccm Hubraum 60 PS, der des ZIS aus 5550 ccm 73 PS.

Der ZIS-5 diente als Basis für viele Sonderfahrzeuge – auch für die Feuerwehren des Landes. Hier erhielt er die Bezeichnung ZIS-11.

die Sowjets Teile der Fertigungsanlagen auch hinter den Ural nach Miass (Tscheljabinsk) und Uljanowsk verlegt – wo dann nach dem Krieg eigenständige Fahrzeugwerke entstanden.

Das ZIS-Werk bei Moskau wurde 1937 erneut einer Modernisierung unterzogen, so dass jetzt rund 60.000 Lkw pro Jahr gefertigt werden konnten.

Spätestens nachdem Nazi-Deutschland die Sowjetunion im Sommer 1941 überfallen hatte, wurde die gesamte Nutzfahrzeugfertigung der UdSSR, also auch die des ZIS-5, auf Kriegsproduktion umgestellt. (Foto: Stolbovsky © CC-BY-SA-3.0)

ZIS/ZIL-150 und seine Varianten

Bis 1946 wurde der ZIS-5 noch gebaut, ehe im gleichen Jahr die ersten Fahrzeuge des Nachfolgers ZIS-150 aus der Montagehalle rollten. Während dessen Großserienproduktion 1947 anlief, wurde das Moskauer Automobilwerk ein weiteres Mal einer grundlegenden Modernisierung und Erweiterung unterzogen. Die Motoren wurden jetzt auf modernen Fließstrecken montiert.

Der ZIS-150, ein Zweiachser mit Heckantrieb und Holzpritsche übernahm den Sechszylinder-Benzinmotor seines Vorgängers, der jetzt aber unter anderem durch eine höhere Verdichtung 90 PS bei sehr moderaten 2700 U/min erreichte. Die Nutzlast konnte auf vier Tonnen erhöht werden. Optisch unterschied sich der neue Moskauer LKW mit seiner runden Schnauze und dem dazu passenden Fahrerhaus deutlich von seinem Vorgänger und konnte durchaus als moderner LKW gelten.

Eher ungewöhnlich für sowjetische Verhältnisse zu dieser Zeit: Ein Prospekttitel für den ZIS-150

Der ZIS-150 wurde bis 1957 gebaut, nannte sich da aber schon ZIL-150. Denn nach dem Tod Stalins im März 1953 fiel der einst mächtige Herrscher bei seinen Nachfolgern in Ungnade und wurde aus der öffentlichen Wahrnehmung verbannt. Das Mos-

Auch nach dem Zweiten Weltkrieg setzte das Moskauer Automobilwerk mit dem ab 1947 gebauten ZIS-150 weiterhin auf einen Sechszylinder-Ottomotor. (Foto: Jeka3000 © CC-BY-SA-3.0)

kauer Automobilwerk wurde deshalb 1956 in ZIL umbenannt, wobei der letzte Buchstabe für den langjährigen Leiter des Werkes Lichatschow stand, der inzwischen zum Minister ernannt worden war.

Basierend auf dem ZIS-150 gab es wieder diverse Variationen, von denen vielleicht der Kipper ZIS-MMZ-585 eine der wichtigsten war. Seine dicht geschlossene Stahlwanne machte den ZIS für die Land- und Bauwirtschaft unentbehrlich. 3,5 Tonnen durfte die Wanne, die nur nach hinten kippen konnte, maximal aufnehmen. In der Typenbezeichnung stand MMZ für das nahe Moskau gelegene Mytischtschi Werk für Maschinenbau. Der Kipper wurde von 1949 bis 1959 gebaut – auch hier ab 1956 unter der Bezeichnung ZIL 585.

In der Version MMZ-585 war der ZIS-150 als Hinterkipper mit dicht schließender Stahlwanne für viele Wirtschaftsbereiche unentbehrlich. (Foto: UVATERV © CC-BY-SA-3.0)

Wie von den allermeisten sowjetischen Lkw-Typen gab es auch vom ZIS-150 diverse Feuerwehraufbauten.
(Foto: Zinnsoldat © CC-BY-SA-4.0)

ZIS/ZIL-151

Schon kurz nach dem Zweiachser (4 x 2) erschien der ZIS-151 als Dreiachser mit Allradantrieb (6 x 6). Weiterhin angetrieben vom Sechszylinder-Ottomotor, dessen Leistung lediglich um zwei PS angehoben worden war. Das Fünfganggetriebe (ein Rückwärtsgang) des ZIS 150 wurde um eine Gangstufe reduziert, konnte aber mittels Vorgelege auf acht Fahrstufen zurückgreifen. Die maximale Traglast betrug jetzt 4,5 Tonnen, die Anhängelast 3,6 Tonnen. Optional konnte eine Winde für ein 65 Meter langes Stahlseil montiert werden.

Natürlich war der ZIS-151 wieder in den verschiedensten Bereichen von Industrie und Landwirtschaft mit oder ohne Sonderaufbauten einsetzbar – die mögliche militärische Nutzung stand bei der Entwicklung neuer Lkw-Typen aber längst im Vordergrund. Hier diente das Basisfahrzeug etwa zum Bau des Schützenpanzerwagens SPW-152 und des Schwimmwagens ZIS-485. Außerdem wurde der Dreiachser unter anderem als Mannschaftstransporter, Tankwagen, Artillerieschlepper, Werkstattauto und nicht zuletzt als Startrampe für verschiedene Geschosswerfer eingesetzt. 1956 änderte sich auch für den Allradler die Typenbezeichnung in ZIL-151.

Der ZIS-151 in der Standardausführung mit Stahl- oder Holzpritsche, mit oder ohne Spriegel – der klassische Mannschaftstransporter

Ebenfalls ein klassisches Metier war für den ZIS 151 die Version als Tankwagen.
(Foto: Igel B TyMatte © CC-BY-SA-4.0)

Das Grundfahrzeug ZIS-151 diente als Basis für verschiedene Geschoss- und Raketenwerfertypen.
(Foto: Guðwunder D. Haraldsson © CC-BY-SA-2.0)

Das Basisfahrzeug ZIL-151 diente sowohl für den Aufbau des Schützenpanzerwagens SPW-152…
(Foto: Zala © CC-BY-SA-4.0)

....als auch für den des Schwimmwagens ZIS-485. (Foto: Varga Attila)

ZIL-164 / 164 A

Während schon 1955 bei ZIS mit der Konstruktion eines wirklich neuen LKW begonnen worden war, musste zur Überbrückung bis zu dessen Serienreife noch ein Zwischenmodell aushelfen. Der ZIL-164 hatte sich optisch gegenüber dem Typ 150 geringfügig verändert, am deutlichsten war das an der Kühlermaske zu erkennen. In einem ähnlichen Rahmen hielten sich die technischen Änderungen. Die Motorleistung stieg unter anderem dank neuem Vergaser und einer etwas höheren Verdichtung auf 97 PS. Diverse Verstärkungen gab es beim Fahrwerk (Rahmen, Achsen, Federung, Lenkung) und mittels Druckluft konnten Zugmaschine und Anhänger in ein Bremssystem integriert werden.

Von 1957 bis 1961 wurde der ZIL-164 ausgeliefert, danach bis 1965 noch der ZIL-164 A, parallel zum nagelneuen ZIL-130, von dem er einige technische Details übernahm. Der ZIL-164 A konnte nun 100 PS mobilisieren, hatte ein teilsynchronisiertes Getriebe und als wesentlichen Unterschied hydraulische Teleskopstoßdämpfer an der Vorderachse.

Auch der Typ 164 wurde wieder mit diversen Aufbauten geliefert, unter anderem auch als Kipper ZIL-MMZ-585.

Der ZIL-164 hatte sich gegenüber dem Typ 150 optisch und technisch in kleinen Schritten weiterentwickelt.

Speziell die Frontgestaltung mit geänderter Kühlermaske und neuer Stoßstange stach optisch heraus. (Foto: Andshel © CC-BY-SA-4.0)

Gemütlich wäre heute anders: Das Fahren sowjetischer Lkw, auch des Typs ZIL-164, war in den 1960er Jahren noch Schwerstarbeit. (Foto: Andshel © CC-BY-SA-4.0)

ZIL-157 und 157 K

Nach dem Zweiachser wurde auch der Dreiachser mit Allradantrieb technisch überarbeitet und löste 1958 als ZIL-157 den Typ 151 ab. Das Werk gab hier eine verbesserte Kraftübertragung zu Vorder- und Hinterachsen (der Vorderachsantrieb konnte wahlweise abgeschaltet werden), bei gleichzeitiger Leistungssteigerung auf 104 PS an.

Die ab 1960 eingeführten Niederdruckreifen, die die Zwillingsbereifung der Hinterachsen überflüssig machten und deren Luftdruck vom Fahrerhaus aus geregelt werden konnte (es gab feste Einstellwerte für Straße, Gelände, Schnee und Eis) sowie das vollsynchronisierte Wechselgetriebe führten schließlich ab 1961 zum Typ ZIL-157 K. Bis 1977 wurde der Dreiachser hier gebaut; es war eines der wichtigsten Militärfahrzeuge im gesamten Ostblock. Die Sattelschlepperversionen ZIL-157 W und KW waren unter anderem als Transportladefahrzeuge für Flugabwehr- und operativ-taktische Raketen im Einsatz. Als reines Fahrgestell mit der Bezeichnung ZIL-157 KE diente der Allradler auch als Basis für diverse Kommunalaufbauten und Feuerwehrfahrzeuge. Der LKW war den Sowjets so wichtig, dass er im URAL-Werk in Tscheljabinsk, jetzt unter der Bezeichnung ZIL-157 KD und mit einer Dreifachuntersetzung zum Fünfganggetriebe, noch bis 1994 in Einzelstücken gefertigt wurde. Eine Sonderstellung nahm der ZIL 157 K mit vorgebauter Schneefräse ein. Für den Antrieb des gewaltigen Fräswerks mit Schaufelmotor und zwei Schnecken sorgte nämlich der 420 PS leistende 12-Zylinder-Dieselmotor aus dem Kampfpanzer T 34, der im Aufbau hinter der Fahrerkabine untergebracht war. Vornehmlich war diese Kombination für den Ural 375 vorgesehen, weshalb im nächsten Kapitel noch einmal ausführlicher auf die Schneefräse eingegangen wird.

Ein ZIL-157 mit einem auf der Hochpritsche montierten Suchscheinwerfer. (Foto: Homoatrox © CC-BY-SA-3.0)

Eine Zuladung von 4,5 Tonnen und eine maximale Anhängelast von 3,6 Tonnen waren für einen so großen LKW keine Spitzenwerte.

Die Drehleiter AM 32 auf dem Fahrgestell des ZIL-157 K.

Jahrzehntelang im Einsatz waren auch die Schneefräsen vom Typ D-470, auf- und angebaut am Chassis des ZIL-157 K. (Foto: Ralf Weinreich)

ZIL-130 und ZIL 130 G

Für den neuen ZIL-LKW, der zukunftsweisend und universell im subtropischen Klima am schwarzen Meer wie auch in der arktischen Kälte des fernöstlichen Sibiriens, sowie für diverse militärische und kommunale Belange einsetzbar sein musste, hatte sich der Konstruktionsleiter Anatoli Krieger wieder in der US-amerikanischen Nutzfahrzeugindustrie umgesehen. Äußerlich war das dann an der Frontgestaltung und der Panoramascheibe des neuen ZIL-130 zu erkennen. Antriebsseitig am Achtzylinder-Ottomotor in V-Anordnung mit 150 PS und 402 Nm. Dass man an der Haubenbauweise zur besseren Zugänglichkeit des Motors festhalten würde, war zu einer Zeit, da das Kippfahrerhaus der Frontlenker-Lkw noch in den Kinderschuhen steckte, ebenfalls selbstverständlich.

1960 waren Konstruktion und Erprobung des ZIL-130 abgeschlossen und der neue Zweiachser hätte eigentlich in Serie gehen können. Jedoch wurde das ZIL-Werk ab 1959 wieder einmal grundlegend umstrukturiert und erweitert. Aus 23 automatischen Fließstrecken im Jahr 1959 wurden bis 1962 175 mit einer Gesamtlänge von rund 60 km. Nach einer weiteren und letzten Modernisierung 1976 wurden daraus sogar rund 100 km. Bis zu 250.000 Pkw

Ein ZIL-130-Prototyp von 1957. Es war eines von 40 Fahrzeugen, das im Vorfeld der Serienfertigung auf die Räder gestellt wurde. (Foto: James Partson © CC-BY SA-4.0)

und Nutzfahrzeuge verließen danach jedes Jahr das Moskauer Werk.

Bleibt nachzutragen, dass vom ZIL-130 noch eine G-Version mit um 700 mm längerem Radstand in die Fertigung ging. Und dass mit einer leichten Überarbeitung von Optik und Fahrwerk 1976/77 der Laster jetzt offiziell als ZIL-130-76 geführt wurde.

Der Achtzylinder-Benzinmotor des ZIL-130. Ein Viertakt-OHV-Motor in V-Anordnung mit knapp 6000 ccm Hubraum.

Dem ZIL-130 gehört wahrlich ein Denkmal gesetzt: Bis 1994 entstanden knapp 3,4 Millionen Fahrzeuge dieses Typs. Zahlreiche Länder importierten den robusten LKW.

Der ZIL-130 G wies einen um 70 cm längeren Radstand auf.

Neben seiner militärischen Nutzung war der ZIL-130 mit seinen diversen Sonderaufbauten im kommunalen Bereich unentbehrlich. Wie das Schneeräum- und Streufahrzeug PR-130…

…der Straßen-Tankwagen AT3-3,8-130…

…oder die Berieselungs- und Waschmaschine PM-130 – hier im Stadtbild von Moskau.

Der Universal-Spreng- und Waschwagen PM-130B auf dem Fahrgestell des ZIL 130.

Nach einer weiteren Modernisierung und Erweiterung des ZIL-Werks im Jahr 1976 warb man damit, die größte Nutzfahrzeugfabrik Europas zu sein.

Einige Abbildungen aus dem ZIL-Werk des Jahres 1978. »Avto-ZIL« bezeichnete sich Ende der 1970er Jahre selbst als das größte Werk Europas für die Produktion mittelschwerer Lkw.

Eines von fünf Montagebändern, auf denen im ZIL-Werk ab 1977 täglich rund 500 Lastwagen, meistens ZIL-130-76, zusammengeschraubt wurden.

Ein Blick auf die Motorenmontage, die neben den ZIL-Lastern auch Omnibusse aus Lwow und Likino antrieben.

Im August 1977 organisierte der Außenhandel der UdSSR im Moskauer Lichatschow-Werk eine Hausmesse für Exportpartner.

Der ZIL-MMZ-4502 war ebenfalls als Hinterkipper, jetzt aber für landwirtschaftliches Schüttgut bis 5,8 Tonnen gedacht. (Foto: Matti Blume © CC-BY-SA-4.0)

Die ZIL-MMZ-Kipperfahrzeuge

Aus dem nahe Moskau gelegenen Mytischtschi Werk für Maschinenbau kamen auch für den ZIL-130 diverse Kipperaufbauten. Dafür wurden die Fahrgestelle mit kurzem Radstand an das Werk geliefert und dort montiert. Ab 1964 löste der Hinterkipper ZIL-MMZ-555 den bis dahin gebauten Typ 585 ab. Die Ganzstahlmulde konnte 4,5 Tonnen oder drei Kubikmeter Ladung aufnehmen. Die doppelte Menge an Schüttgut, aber nur vier Tonnen Last konnte der gleichzeitig vorgestellte Dreiseitenkipper ZIL-MMZ-554 tragen, der vorwiegend als Getreidetransporter in der Landwirtschaft diente. Dieser wurde durch den 1978 erschienenen Typ ZIL 555 M abgelöst. Der Typ ZIL-MMZ-4502, der bei einem maximalen Ladevolumen von 3,8 Kubikmeter 5,8 Tonnen zuladen durfte, war seit 1975 im Einsatz, ebenso wie der Muldenkipper 4505, unter anderem mit geänderter Kipperwanne.

Vor allem auf Baustellen und im Tagebau sah die Werbung des sowjetischen Herstellers den Hinterkipper ZIL-MMZ-555.

Ein ZIL-MMZ-4505, aufgenommen auf einer Baustelle in der mongolischen Hauptstadt Ulan-Bator.
(Foto: Ludovic Hirlimann © CC-BY-SA-2.0)

ZIL-131 und ZIL-133

Ein neuer Dreiachser mit Allradantrieb wurde ab 1966 gebaut und parallel zum ZIL-157 K angeboten. Obwohl mit dem ZIL-130 verwandt, hatte sich das Werk dazu entschieden, den ZIL-131 mit einer geänderten, etwas wuchtiger wirkenden Frontgestaltung zu versehen. Das in der DDR erschienene »Motor-Jahr 77« stellte für den SIL-131 folgende Vorteile heraus: »Günstiger Wendekreis, einsetzbar bei Temperaturen von -40° bis + 50° C, leistungsfähiger Achtzylinder-Motor, hydraulische Lenkhilfe, bequemes Fahrerhaus mit guten Sichtmöglichkeiten und ausgezeichneter Wärme- sowie Schallisolierung, Reifendruckregelanlage, hohe Bodenfreiheit, Scheibenwaschanlage, Anlassvorwärmer für den Motor, stark herabgesetzter Wartungsumfang, Hebevorrichtung für Ersatzrad, Watfähigkeit bis 1,4 Meter.« Viele der genannten Eigenschaften trafen natürlich schon auf den ZIL-130 zu. Der Allradler mit Niederdruckbereifung wurde sowohl militärisch als auch zivil neben dem Standard-Pritschenmodell mit zahlreichen Aufbauten versehen, sehr häufig hier wie dort als Werkstattwagen (siehe Foto am Kapiteleingang). Ab 1986 wurden mit diversen Änderungspaketen die Typenbezeichnungen ZIL-131 N und ZIL-131 NA eingeführt.

Bleibt nachzutragen, dass es zwischen den Modellen 130 und 131 noch den ZIL-133 gab. Hierbei handelte es sich ebenfalls um einen Dreiachser (drei unterschiedlich lange Radstände waren hier möglich), allerdings lediglich mit Hinterachsantrieb und normaler Zwillingsbereifung auf den Hinterachsen. Dessen Einsatzgebiet war hauptsächlich der Güterverkehr auf langen Strecken und befestigten Straßen.

Tankwagen gehörten zum Standardrepertoire aller ZIL-Modelle; das galt auch für den ZIL-131, hier mit Kraftstofftank ATS-4.8-131.

Der ZIL-131 mit Pritsche und darauf montiertem Teleskop-Montageturm TB-26E. Ein Beispiel für die ungeheure Vielfalt an Aufbauvarianten für den 6 x 6-LKW.

Werbung der Zeitschrift »Avtoexport« von 1979 für den ZIL-131 als Feuerwehr-Leiterfahrzeug.

Das Hauptbetätigungsfeld des Dreiachsers ZIL-133 waren Transporte auf den unendlich langen Straßen der Sowjetunion.

ZIL-130 W, 131 W und 133 W

Die ab 1962 eingeführten ZIL-Lkw waren mit der Zusatzbezeichnung W (W1 bzw. W1-76 bei ZIL-130) auch als Sattelzugmaschinen gebaut worden. Der ZIL-130 W als stärkster Vertreter dieses Trios durfte bei einer maximalen Sattellast von fünf Tonnen bis zu 12 Tonnen schwere Auflieger ziehen. Diese Fahrzeuge waren natürlich in erster Linie für militärische Zwecke gedacht, etwa zum Transport von Raketensystemen oder Brückenpontons. Aber auch in der Bau- und Forstwirtschaft waren die ZIL-Sattelschlepper zu sehen.

Ein Sattelschlepper ZIL-130 W1 mit einer Ladung Holz im Stadtgebiet von Moskau. Die Werbung gab an, dass die Sattelauflieger maximal 12,5 Tonnen schwer sein durften.

In den Armeen der Ostblockstaaten (hier in Rumänien) diente der Allrad-Sattelschlepper ZIL-131 W oft zum Transport von Raketensystemen.

ZIL-133 Gja

Zum Jahresende 1977 stellte ZIL seinen ersten LKW mit Dieselmotor vor. Der ZIL-133 Gja wurde mit einem V8-Dieseltriebwerk aus der Produktion von KamAZ ausgeliefert. Dieser leistete bei 10,85 Liter Hubraum 210 PS. Um für die größeren Motoren Platz zu finden, wurde die Motorhaube verlängert und der Kühlergrill überarbeitet, woran die Fahrzeuge deutlich von den parallel gebauten Benzinern zu unterscheiden sind.

Hatte das Basismodell von 1966 noch eine Zuladung von ca. acht Tonnen, konnte der ZIL-133 Gja schon zehn Tonnen zuladen.

Der ZIL-133 Gja mit einem Feuerwehraufbau. Für den Einbau des V-8-Dieselmotors musste die Schnauze etwas verlängert werden, was dem Fahrzeug ein neues Gesicht verpasste. (Foto: Pafka © CC-BY-SA-3.0)

Im Gegensatz zum ZIL-130 mit fast 3,5 Millionen gebauten Fahrzeugen ist der ZIL-133 nur in geringen Stückzahlen produziert worden. KamAZ baute Lastkraftwagen ähnlicher Größe von Beginn an mit sparsameren Dieselmotoren, die sich deutlich besser verkauften.

Alle Modelle haben die Antriebsformel 6×4. Sie sind deshalb grundsätzlich vom allradgetriebenen (6×6) ZIL-131 zu unterscheiden.

ZIL-135 und ZIL-137

Der ZIL-135 war ein schwerer vierachsiger Lastkraftwagen (8×8), der ab 1966 in Serie ging. Er wurde zwar bei ZIL entwickelt und in einigen Prototypen gebaut, die Serienfertigung fand jedoch ausschließlich im Brjanski Awtomobilny Sawod (BAS) in Brjansk statt. Der Lkw fand Verwendung in vielen Ländern, nicht nur innerhalb des ehemaligen Ostblocks.

Der ZIL-135 war nahezu ausschließlich als Raketenstart-, Transport- und Ladefahrzeug für sowjetische ballistische Boden-Boden-Raketen gedacht. Zum Beispiel für die Kurzstreckenrakete FROG oder die Mehrfachraketenwerfer BM-22 und BM-27. (Foto: LutzBruno © CC-BY-SA-3.0)

Blick in die recht rustikal ausgestattete Fahrerkabine des ZIL-135, die aus glasfaserverstärkten Polyester bestand.

Gut sichtbar die beiden Getriebe, die für den Antrieb je einer Radseite zuständig waren. (Fotos: Ralf Weinreich)

Die Einführung neuer mobiler Raketensysteme in der Roten Armee und den Armeen des Ostblocks erforderte die Entwicklung eines neuen Raketenstartfahrzeugs, das diesen Anforderungen gerecht werden konnte. Das Ergebnis war der ZIL-135, der die Basis einiger sowjetischer Raketensysteme bildete.

Das Fahrzeug wurde von zwei Achtzylinder-Ottomotoren angetrieben, die es auf bis zu 65 km/h beschleunigen konnten. Jeweils ein Motor trieb die vier Räder der rechten und der linken Seite an, wobei die vorderste und die hinterste Achse lenkbar waren. Die Übertragung der Antriebskräfte erfolgte durch zwei identische Schaltgetriebe, zwei Verteilergetriebe, mehrere Kardanwellen, acht Abzweiggetriebe und schließlich acht Außenplanetengetriebe auf die Räder.

1993 wurde die Produktion eingestellt.

Eine weitere Entwicklung von ZIL, die bei BAS in Brjansk gebaut wurde, war der ZIL-137 bzw. ZIL-137 B. Diese Zugmaschinen auf der Basis des ZIL-131 waren mit einer zusätzlichen Zapfwelle ausgestattet, welche über weitere Wellen auch die Achsen eines passenden Sattelaufliegers mit antreiben konnten. Auf diese Weise wurde die Geländegängigkeit des Zugs erhöht. Im Russischen existiert dafür die Bezeichnung »Aktiver Autozug« Die Antriebsformel war entsprechend 10×10.

Dieser ZIL-137 hat eine mobile Bäckerei aufgesattelt. Das Foto entstand in Bangladesch. (Foto: Shadman Samee © CC-BY-SA-2.0)

Fazit

Während 1974 im Werk ZIL knapp 150.000 Lkw von den diversen Montagebändern rollten, waren es 1980, auf dem Höhepunkt des Produktionsausstoßes, über 200.000 Fahrzeuge. Das waren in diesem Jahr etwa 25 Prozent der gesamten Lkw-Produktion in der Sowjetunion. Mit über 80 Prozent hatte der ZIL-130 mit Abstand den größten Anteil. Zwar versuchte man bei ZIL ab Ende der 1970er Jahre neue, modernere Laster auf die Räder zu stellen (ZIL-169 und ZIL-4331), kam in der Sowjetzeit aber über einige Prototypen nicht mehr hinaus.

Die Fertigung der alten Fahrzeuge lief in den 90er Jahren zwar weiter, der Absatz brach aber dramatisch ein. 2001 verließen noch 16458 Fahrzeuge die Werkhallen, 2012 nur noch 985. Wann die offizielle Serienproduktion genau endete, ist unklar. 2013 wurden noch 95 Fahrzeuge gebaut, der letzte Lastwagen verließ das Werk angeblich im Jahr 2016.

Abgesehen von den an die Ostblockarmeen gelieferten Militärfahrzeugen, versuchte Avtoexport in Moskau seine Kommunalfahrzeuge international zu vermarkten.

Auch verschiedene Tankfahrzeuge mit zivilem Anstrich schienen für den Export geeignet.

Ural – die Dreiachser aus Miass

Wie bereits im vorangegangenen Kapitel angedeutet, begann mit dem Einmarsch der deutschen Wehrmacht in die Sowjetunion im Sommer 1941 die Verlagerung von Teilen des Moskauer ZIS-Werkes an zwei verschiedene Standorte hinter dem Ural, um unabhängig von Kriegshandlungen weiter Lastwagen bauen zu können. Der Beschluss war vom Staatlichen Verteidigungskomitee der UdSSR am 30. November 1941 gefasst worden. Eine der neu errichteten Produktionsstätten war das Uljanowski Awtomobilny Sawod in Uljanowsk, wo ab Mai 1942 die Montage des bekannten ZIS-5 (auch UlZIS-5 genannt) begann. Auch der GAZ-MM aus Gorki wurde hier zunächst weitergebaut. Perspektivisch war Uljanowsk jedoch für die Produktion von Geländewagen und Kleintransportern (UAZ) gedacht.

ZIS-5W und UralZIS

Deshalb begann am 8. Juli 1944 im zweiten neuen LKW-Werk, dem »Uralski Awtomobilny Sawod Imini Stalina«, kurz UralZIS, in Miass, in der Oblast Tscheljabinsk, im mittleren Ural, am Ufer des gleichnamigen Flusses Miass, die Fertigung des ZIS-5W, einer vereinfachten Version des ZIS-5, die auf den kriegsbedingten Mangel an Material abgestimmt war und bereits seit 1941 auch im Stammwerk in Moskau gebaut wurde. Das erste Fahrzeug erreichte die Front zwölf Tage später am 20. Juli. Am 30. September lief der 1000. ZIS-5W vom noch improvisierten Montageband und bis zum Jahresende waren schließlich 6800 Stück produziert worden.

Auch nach dem Krieg setzte das Werk die Produktion des ZIS-5W fort. Da diese Fahrzeuge in Miass und nicht bei ZIS in Moskau selbst gebaut wurden, erhielten sie ab 1947 die Bezeichnung »UralZIS-5«. Abgesehen vom Namen entsprach der Lkw dem Moskauer Vorbild bis zu diesem Zeitpunkt jedoch noch vollständig. Ein Jahr später, 1948, wurde die Produktion im Stammwerk in Moskau eingestellt. Bei UralZIS dagegen wurde der Lkw auch weiterhin gefertigt. Bis 1955 wurde das Modell schrittweise überarbeitet und nahezu in den Zustand versetzt, den es bei ZIS bereits vor dem Krieg erreicht hatte. Es erhielt wieder runde Kotflügel, zwei Scheinwerfer, ein festes Dach und das Fahrerhaus aus Stahlblech. 1950 wurden Kraftstofftank und Batterie versetzt.

Der ZIS-5W in der vereinfachten Kriegsausführung, unter anderem mit geraden Kotflügeln und dem Fahrerhaus aus Holz, wie er ab 1944 in Miass gebaut wurde.

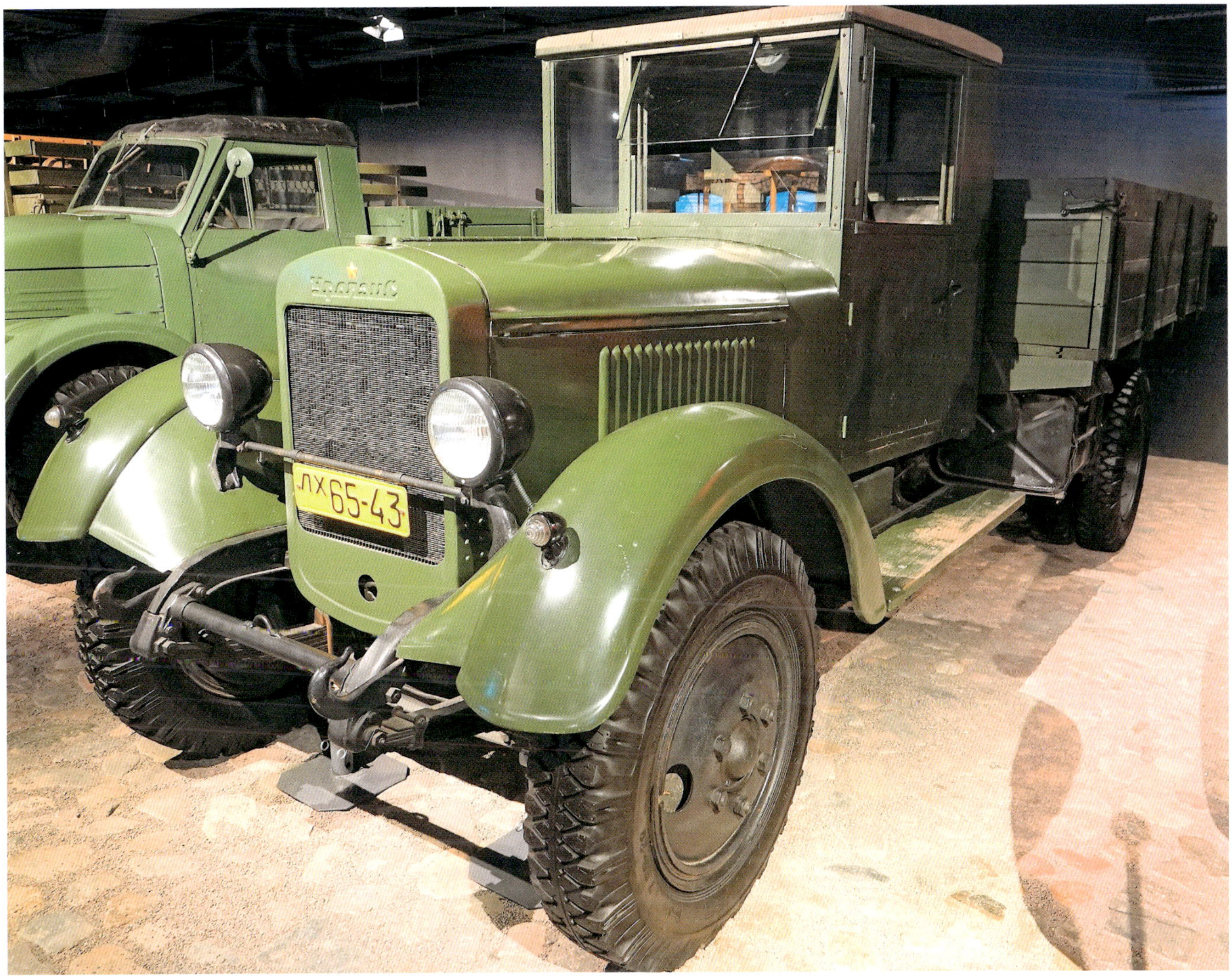

Als UralZIS wurde der ursprüngliche Moskauer LKW – jetzt wieder mit runden Kotflügeln und Stahlblech-Fahrerhaus – noch bis 1955 in Miass gebaut. (Foto:Nenea hartia © CC-BY-SA-4.0)

UralZIS-355

1956 erhielt der Lastwagen einen überarbeiteten Sechszylinder-Motor mit der Bezeichnung Ural-355, der nun 85 PS leistete. Gleichzeitig wurde das Fahrzeug in »UralZIS-355« umbenannt. Ein Jahr später wurde dem Motor eine weitere Leistungssteigerung auf 95 PS zuteil und der Lastwagen hieß nun »UralZIS-355W«. 1958 endete die Produktion nach insgesamt über 200.000 Lastwagen der Typen ZIS-5W, UralZIS-5 und UralZIS-355 in Miass.

Ein UralZIS-355 mit Feuerwehraufbau. (Foto: Gandvik © CC-BY-SA-3.0)

UralZIS-355M

1957 erfolgte eine grundlegende Überarbeitung der bisherigen Modelle, die allesamt immer noch auf der Konstruktion des ZIS-5 von 1933 basierten. Das modernisierte Fahrzeug, jetzt mit der Bezeichnung UralZIS-355M, bekam eine völlig neue Frontgestaltung samt Fahrerhaus; Trieb- und Fahrwerk blieben aber noch die vom Vorgänger.

Die Lastwagen wurden zwar vornehmlich mit Holzpritsche gebaut, daneben gab es aber auch Feuerwehrfahrzeuge mit Doppelkabine und Lastwagen mit Holzgasantrieb. Einen großen Anteil (rund 36.000 Exemplare) machten Tankfahrzeuge aus.

Vom UralZIS-355M, beziehungsweise nach der Entstalinisierung »Ural-355M«, wurden bis zum 16. Oktober 1965 exakt 192.580 Exemplare gebaut.

In den Jahren 1958 bis 1965 fand eine umfassende Modernisierung des Betriebs statt, in deren Folge ein relativ großer Mechanisierungs- und Automatisierungsgrad im Produktionsprozess erreicht wurde. So arbeiteten nach Abschluss der Maßnahmen etwa 60 Prozent des Maschinenparks in den Hauptabteilungen teil- bis vollautomatisch.

Die »Entstalinisierung« fand in Miass erst spät statt. Ab 1962 hieß das Werk nur noch »Uralski Awtomobilny Sawod«, kurz UralAZ.

Der UralZIS-355M stach durch seine neue, moderne Frontpartie heraus. Der Sechszylinder-Ottomotor leistete inzwischen ordentliche 95 PS. (Foto: Sergey Korovkin © CC-BY-SA-4.0)

Ural 375

Die Modernisierung und Erweiterung des Betriebes geschah perspektivisch für den Großserienbau eines neuen, vielseitig militärisch einsetzbaren Dreiachser-Lkw mit fünf Tonnen Nutzlast.

Erste Ideen zur Entwicklung eines starken, geländegängigen Militärlastwagens hatte es in der Sowjetunion schon seit 1953 gegeben. Damals formulierte das Verteidigungsministerium eine ganze Reihe von Kriterien, die das neue Fahrzeug erfüllen sollte. Das Fahrzeugbauinstitut NAMI in Moskau erhielt den Auftrag, entsprechende Versuchsmuster zu entwickeln. Ziel war es auch, die Lücke zwischen dem kleineren ZIS-151 und dem größeren JaAZ-214 beziehungsweise KrAZ-214 zu schließen (siehe

Der Ural-375 noch ohne »D« und damit ohne festes Dach. (Foto: Ralf Weinreich)

vorangegangenes und nächste Kapitel).

Unter der Leitung des Ingenieurs M. I. Korotonoschko wurde daraufhin bis 1956 eine ganze Lastwagenfamilie unter der Bezeichnung »NAMI-020« entworfen. Es handelte sich um Modelle mit zwei, drei und vier Achsen, jeweils mit und ohne Allradantrieb. Genehmigt wurde letztendlich nur die Version mit drei Achsen.

Bis 1958 wurden die Versuchsfahrzeuge bei NAMI auf Herz und Nieren geprüft und danach sämtliche Dokumente und Funktionsmuster an das Uralski Awtomobilny Sawod in Miass übergeben, wo noch einige Änderungen vorgenommen werden mussten. So wurden die verwendeten Reifen durch größere ersetzt und der Allradantrieb angepasst. Auch erhielt das Fahrzeug seine endgültige Bezeichnung: Ural-375.

Für den Antrieb sorgte der Motor vom Typ ZIL-375, ein 90°-V8-Ottomotor mit einem Hubraum von 6959 ccm, der 180 PS leistete und auf der Straße etwa 45 Liter auf 100 Kilometer bei einer konstanten Geschwindigkeit von 60 km/h verbrauchte. Im Gelände konnte der Verbrauch durchaus auf das Doppelte ansteigen, wobei hier auch mit Untersetzung, höheren Drehzahlen und niedrigen Gängen gefahren wurde.

Der Achtzylinder-Ottomotor in V-Ausführung leistete im Ural 375 bis zu 180 PS. Dem Motor angeschlossen war ein handgeschaltetes Fünfganggetriebe mit Rückwärtsgang und ein nachgeschaltetes Verteilergetriebe mit zwei Gängen.

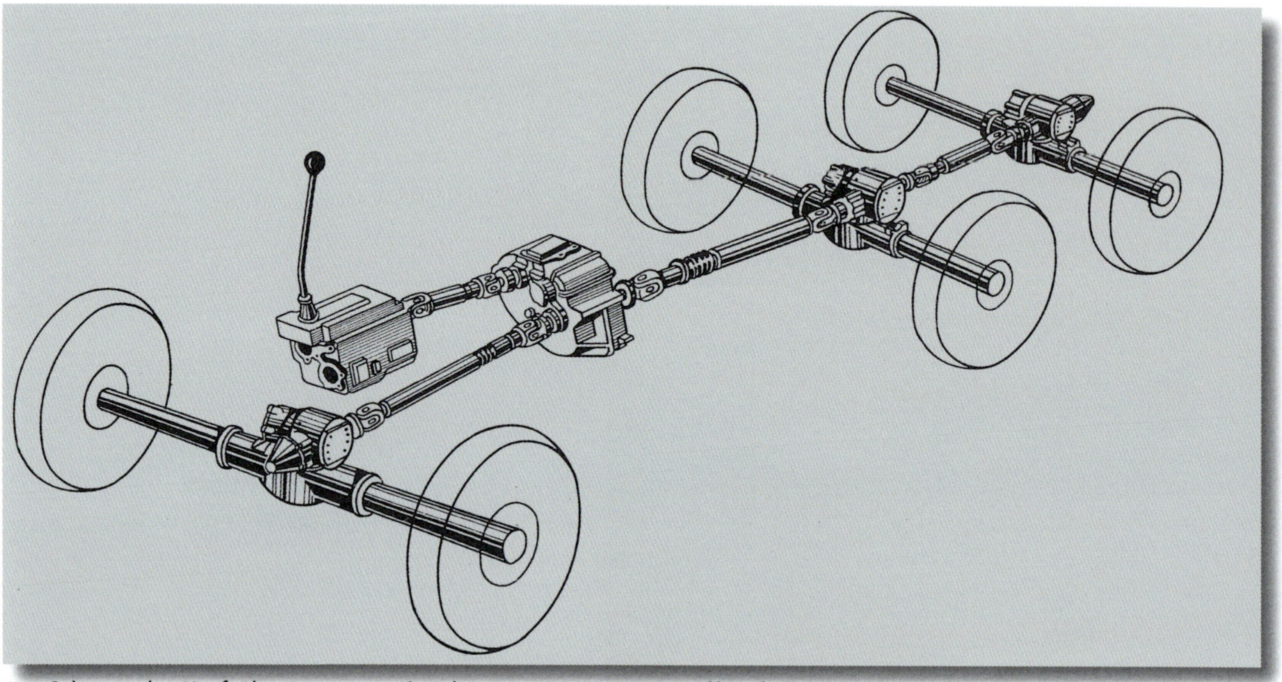

Das Schema der Kraftübertragung zeigt den permanenten Zugriff auf alle drei Achsen.

Das war schon vom ZIL her bekannt: Das vom Fahrerhaus aus steuerbare Zentralsystem für die Regulierung des Luftdrucks in allen sechs Reifen.

Die Serienproduktion der Lastwagen begann im November 1960, wobei die ersten zehn kompletten Fahrzeuge das Werk am 31. Januar 1961 verließen. NAMI prüfte auch diese Lkw ausführlich und bestätigte später, dass alle geplanten Anforderungen an die Konstruktion eingehalten wurden. Bis 1964 wurden ausschließlich Fahrzeuge vom Typ Ural-375 gebaut, die noch ein Wetterverdeck aus Segeltuch als Dach und klappbare Frontscheiben hatten.

Ural-375 D

Ab 1964 kam der Ural-375 D in die Serienfertigung, dessen Fahrerhaus nun komplett aus Metall gefertigt war.

Der Ural-375 D wurde zu einem der Standardfahrzeuge der Sowjetarmee und spielte in diversen weiteren Armeen des ehemaligen Ostblocks eine wichtige Rolle als Transportfahrzeug. So fand sich auch eine erhebliche Anzahl Ural-375 D in der Nationalen Volksarmee der DDR für unterschiedliche Aufgaben wieder. Offiziell begann der Import 1969, tatsächlich kamen ab 1964 sogar noch einige Ural-375 der ersten Version in die DDR. Zum Stichtag 3. Oktober 1990 hatte die NVA noch mehr als 12.600 Exemplare des Ural-375 in unterschiedlichen Ausführungen im Bestand. Der »Deutsche Motorkalender«, ein vom Militärverlag in Ostberlin herausgegebenes Jahrbuch fasste es 1967 so zusammen: »Der Ural-375 D ist ein Fahrzeug mit guten Straßen- und ausgezeichneten Geländefahreigenschaften. Dementsprechend besitzt er Allradantrieb, Reifendruckregelanlage, Lenkhilfe und Seilwinde. Die große Bodenfreiheit und das ausgezeichnete Watvermögen sowie der sehr elastische Motor sind weitere markante Merkmale dieses Kraftfahrzeugs, das darüber hinaus auch einen überdurchschnittlichen Fahrbereich hat.«

Neben der Standardversion mit Pritsche und Plane liefen bei der NVA auch diverse Spezialvarianten, darunter Tankwagen, Kofferaufbauten und Sattelzugmaschinen. Die ungeheure Vielfalt der in der Sowjetunion und in der ganzen Welt eingesetzten Modellvarianten des Ural-375 D kann an dieser Stelle nur angedeutet werden.

Mit dem Buchstaben »D« hinter der 375 erhielt der Ural ab 1964 ein komplettes Fahrerhaus aus Blech, die ausstellbaren Frontscheiben waren entfallen.

So kannte ihn jedes Kind in der DDR: Der Ural-375 D als Werkstattwagen bei der Nationalen Volksarmee. (Foto: Uralaz © CC-BY-SA-3.0)

Gegen Aufpreis konnte der Ural-375 D mit diversen Extras ausgerüstet werden. Wie die am Heck angebrachte Seilwinde mit 65 Meter langem und 17,5 mm dickem Stahlseil, die über ein Abzweiggetriebe vom Motor des Fahrzeugs angetrieben wurde, dem 60-Liter-Zusatztank, der Hydraulik für das Herablassen des Ersatzrades, einer Heizung für das Fahrerhaus (!) sowie zusätzliche Abdichtungen verschiedener Antriebskomponenten für tiefe Wasserdurchfahrten. Und eine mit Benzin angetriebene Motorheizung, die mit 17 Kilowatt auf Kühlflüssigkeit und Motoröl einwirkte, sorgte auch bei Extremtemperaturen von bis zu -65°C dafür, dass das Fahrzeug gestartet werden konnte.

Gemütlich ist anders: Der Arbeitsplatz am Ural-Lenkrad war nichts für zarte Wesen.

1982 wurde die Fahrzeugfamilie um den Ural-375 D noch einmal überarbeitet. Es kamen nun einteilige Felgen zum Einsatz, die Beleuchtungsanlage wurde verbessert und die Bordwände verstärkt. Auch ohne Motorheizung wurde jetzt eine Betriebsbereitschaft von –45°C bis +40°C garantiert. Bis in die 90er Jahre hinein wurde der Ural-375 D so noch weitergebaut.

Der Ural als Tankwagen mit der Bezeichnung AZ-5-375. Das Fassungsvermögen betrug 4300 Liter.

Ural-377 und 377 S

Bereits während der Entwicklung des Ural-375 wurden auch Prototypen ohne Allradantrieb gefertigt, die zunächst die Bezeichnung NAMI-022 erhielten. Als Ural-377 wurden diese Fahrzeuge dann ab 1965 in Miass montiert. Im Zuge dessen entstanden mit der Typenbezeichnung Ural-377 S auch Sattelzugmaschinen, ebenfalls ohne Allradantrieb.

Die ersten 50 Serienfahrzeuge dieses Typs wurden noch 1965, ohne die sonst übliche Zustimmung der zuständigen sowjetischen Behörden, gebaut. Wesentliche Unterschiede zum Ural-375 S (und damit der Sattelzugmaschine auf Basis des Ural-375) waren der fehlende Allradantrieb und die fehlende Reifendruckregelanlage. Nur die beiden Hinterachsen wurden angetrieben. Der Verzicht auf den Allradantrieb ließ Verstärkungen am Fahrzeugchassis zu, sodass die Sattellast von etwa 5 auf 7,5 Tonnen erhöht werden konnte. Dadurch durften die gezogenen Sattelauflieger bis zu 18,5 Tonnen wiegen, 6 Tonnen mehr als bei der Version mit Allradantrieb.

Die Serienfertigung des Ural-377 S und seiner Varianten wurde 1983 nach lediglich 2300 Exemplaren eingestellt. Nachfolger wurde der schon ab 1980 parallel gefertigte Ural-4420 mit wirtschaftlicherem Dieselmotor.

Der Ural 377 ohne Allradantrieb, aber mit langer Pritsche für den Fernverkehr auf befestigten Straßen. Diese Fahrzeuge waren auffällig, meist in orangenen Farbtönen lackiert, damit sie im Havariefall besser aus der Luft gefunden werden konnten.

Der Ural-377 S kam auch zur Nationalen Volksarmee und damit in die Deutsche Demokratische Republik. Er wurde in geringem Umfang dort eingesetzt, wo Sattelauflieger lediglich im leichten Gelände bewegt werden mussten. Bei Übernahme der NVA-Bestände durch die Bundeswehr im Jahr 1990 waren noch 29 Exemplare vorhanden.

Als Sattelzugmaschine ohne Allradantrieb wurde der Ural-377 S auch in den Bruderarmeen eingeführt. Etwa 30 dieser Fahrzeuge sollen im Dienst der NVA gestanden haben. (Foto: Matti Blume, oben, Ralf Weinreich, unten)

Ural-4420

Bereits seit Ende der 1960er Jahre versuchten die Sowjets ein Modell mit wirtschaftlicherem Dieselmotor zu entwickeln, was hauptsächlich daran scheiterte, dass keine passenden Motoren verfügbar waren. So wurde unter der Bezeichnung Ural-640 vom UralAZ ein eigener Dieselmotor entwickelt. Aufgrund fehlender Produktionsanlagen wurde das Projekt letztlich aber fallengelassen.

Das neue KamAZ-Werk in Nabereschnyje Tschelny wurde schließlich dazu verpflichtet, auch andere Fahrzeughersteller in der Sowjetunion mit dringend benötigten Dieselmotoren zu beliefern. Schon 1969 wurden erste Versuchsmotoren und -getriebe an UralAZ geliefert und in einen Ural-375 D eingebaut. Mit diesem Fahrzeug wurden ab Januar 1970 fast 20 000 Testkilometer zurückgelegt, die noch einige Mängel offenlegten.

1972 kam dann ein überarbeiteter Motor in ein Erprobungsfahrzeug, das bis 1973 diverse Tests bestand, womit die Vorbereitung zur Fertigung des Ural-4320 mit dem 206 PS starken V8-Viertakt-Dieselmotor genehmigt wurde. Neben dem neuen Motor wurden in der späteren Serienfertigung einige weitere Änderungen vorgenommen. Dies betraf insbesondere die Kabine und deren Innenausstattung, den Kühlergrill, die Achsgehäuse, das Verteiler- und das Schaltgetriebe.

Ehe es soweit war, sollten aber noch einige sibirische Winter ins Land gehen. Der Motorenzulieferer KamAZ nahm die Produktion 1976 auf und über ein

Jahr später, im Dezember 1977, verließen die ersten 25 Lkw das Werk in Miass.

KamAZ hatte allerdings Probleme mit der Motorenfertigung und so konnten 1978 nur 100 neue Diesellastwagen die Werkhallen verlassen. Bis etwa 1986 blieben die Aufbauten gegenüber dem Ural-375 unverändert, danach wurden eigens für den Ural-4320 entwickelte Aufbauten hergestellt. 1990, dem stärksten Produktionsjahr, verließen 31.500 Fahrzeuge die Werkhallen. Die meisten Ural-4320 wurden an die Armee ausgeliefert. Zivil waren sie eine wichtige Ergänzung im Speditionsgeschäft. Mit rund 32 Litern auf 100 Kilometer bei konstant 60 km/h war der Laster erheblich sparsamer als sein Kollege mit Ottomotor.

Der Ural-4320 war auch ein Standardfahrzeug der Armeen im Warschauer Pakt. Die Nationale Volksarmee der DDR beschaffte den Ural-4320 erstmals relativ spät im Jahr 1983, sowohl mit Pritschenaufbau als auch mit diversen Sonderaufbauten. Zum Stichtag 3. Oktober 1990 hatte die NVA etwa 970 Exemplare des Ural-4320 in diversen unterschiedlichen Ausführungen im Bestand.

Die Frontgestaltung des Ural-4320 zeigte deutliche Unterschiede zum Modell 375.

Auch die Kabine war ein wenig geändert worden und bot ein Minimum mehr an Komfort auf den unendlich langen sibirischen Straßen.

Das Herzstück des Ural-4320, der Achtzylinder-Dieselmotor KamAZ-740.10 in V-Anordnung, der aus 10850 ccm maximal 206 PS bei 2600 U/min mobilisierte.

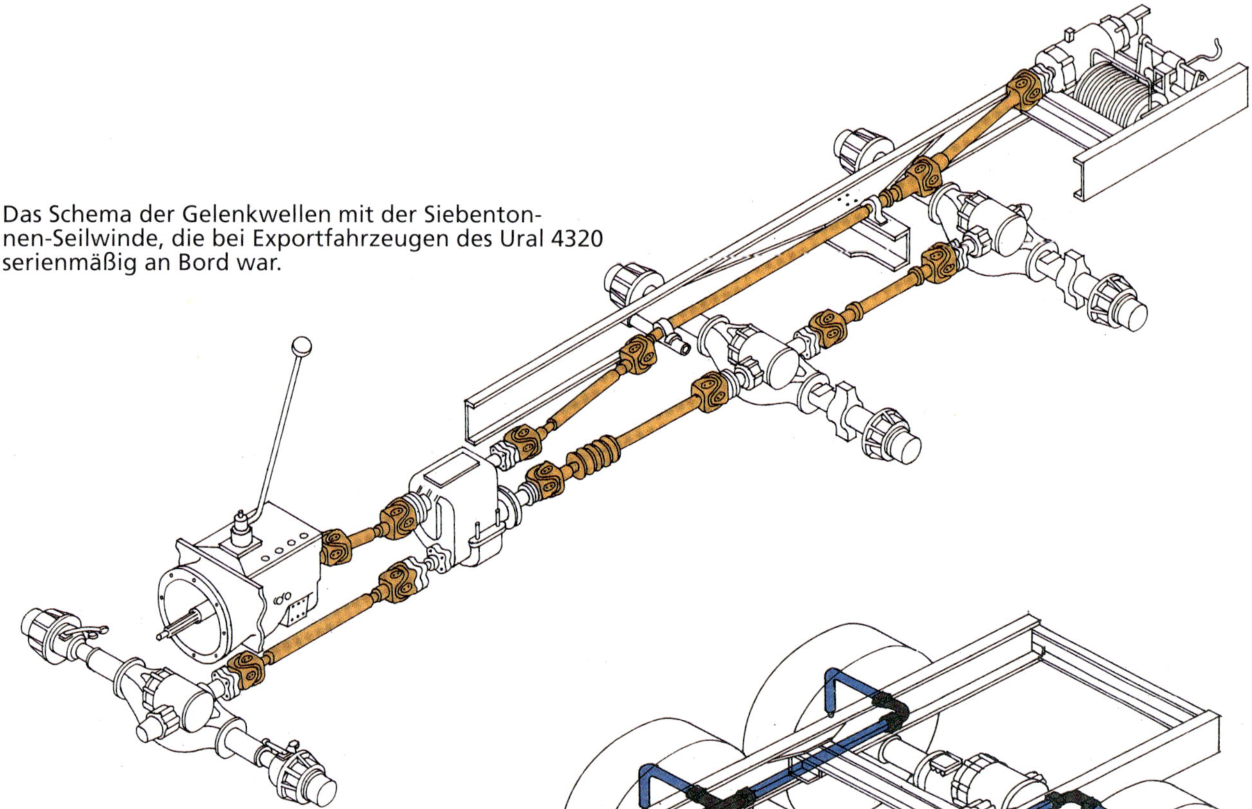

Das Schema der Gelenkwellen mit der Siebentonnen-Seilwinde, die bei Exportfahrzeugen des Ural 4320 serienmäßig an Bord war.

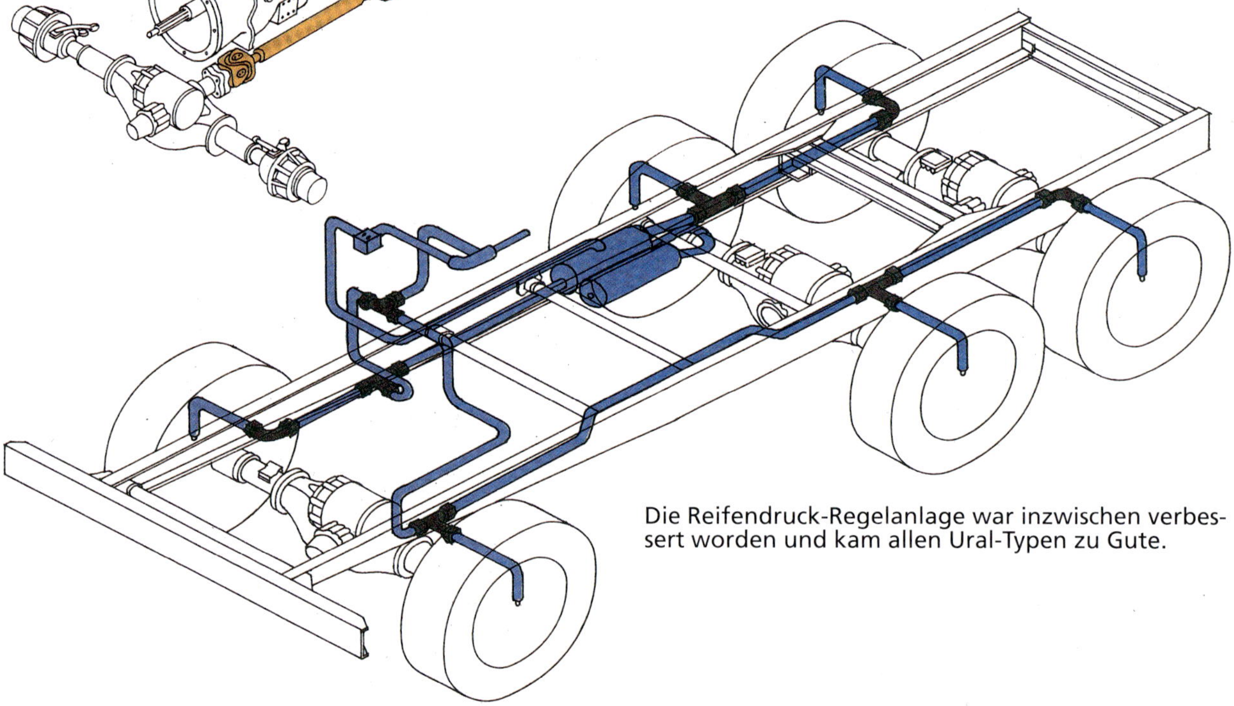

Die Reifendruck-Regelanlage war inzwischen verbessert worden und kam allen Ural-Typen zu Gute.

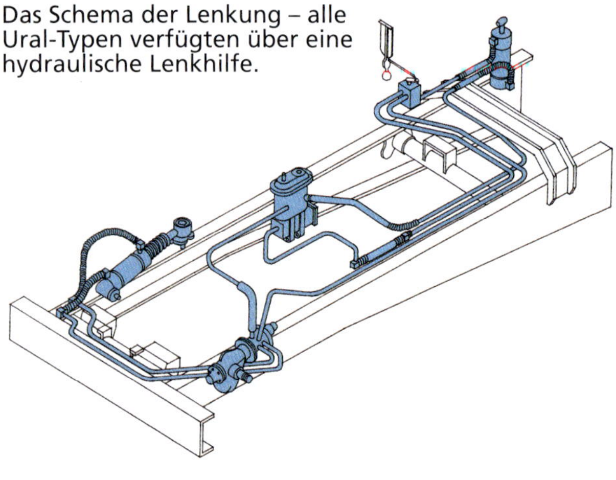

Das Schema der Lenkung – alle Ural-Typen verfügten über eine hydraulische Lenkhilfe.

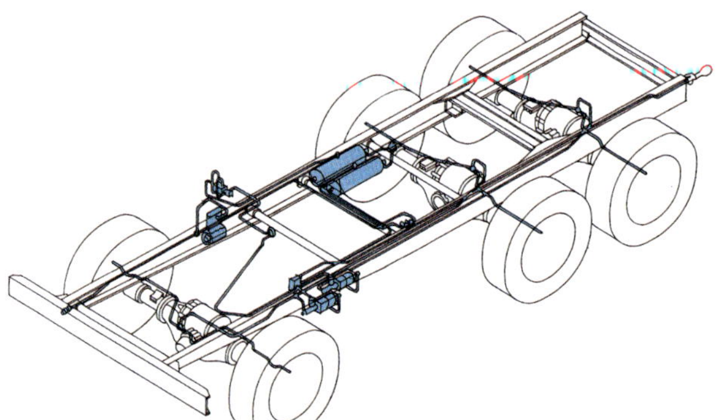

Im Ural ist original eine pneumatisch-hydraulische Zweileitungs-Einkreisbremse verbaut. Die beiden Behälter in der Mitte der rechten Fahrzeugseite sind die Luftflaschen.

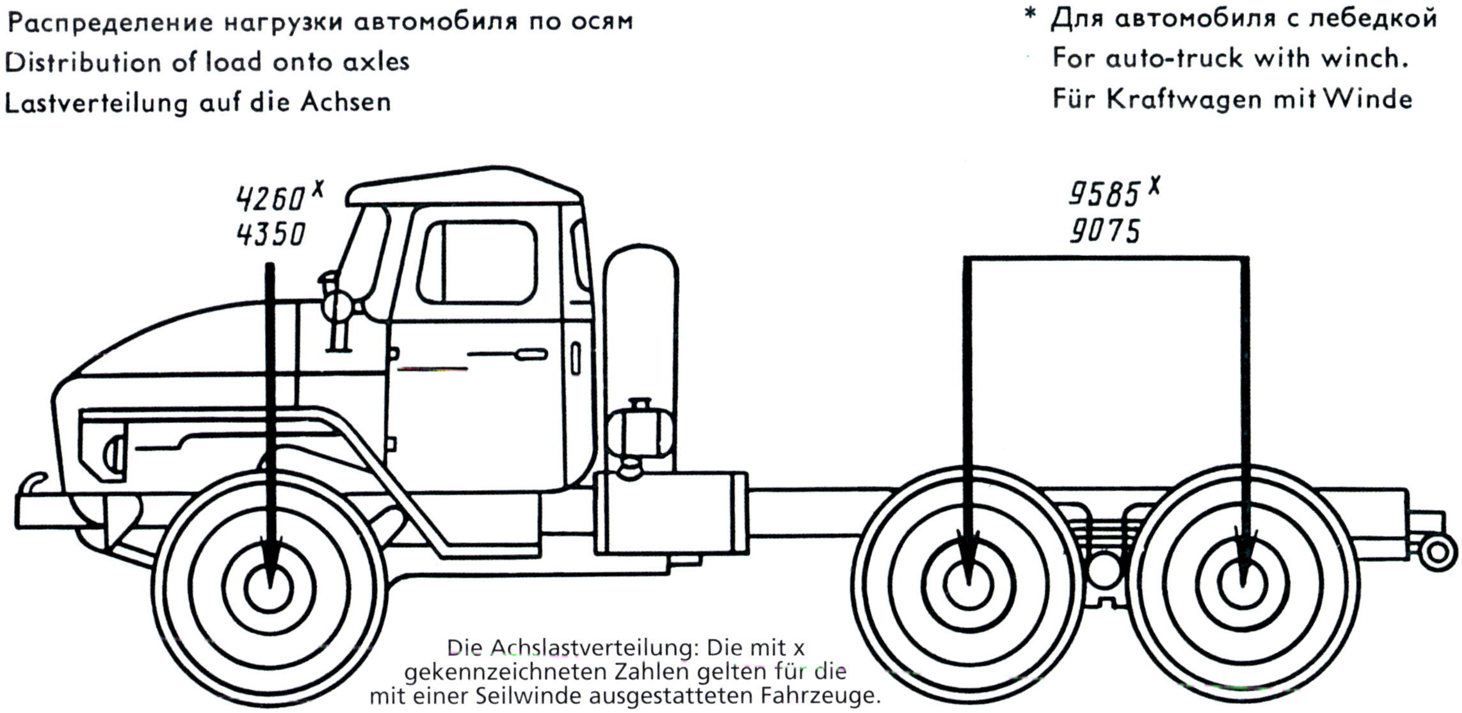

Die Achslastverteilung: Die mit x gekennzeichneten Zahlen gelten für die mit einer Seilwinde ausgestatteten Fahrzeuge.

Kofferfahrzeuge, mit oder ohne absetzbaren Koffer, waren in den Bruderarmeen sehr beliebt.
(Foto: Two Wings © CC-BY-SA-3.0)

Die im Fernverkehr eingesetzten Laster waren in der Sowjetunion meistens in einem orangenen Farbton lackiert.

Die dominierende Farbe war jedoch auch für den Ural 4320 ein militärisches Grün. Pritschenfahrzeuge waren deutlich in der Überzahl. (Foto: Vitaly V. Kuzmin © CC-BY-SA-4.0)

Ein teil der Werksanlagen des Uraler Automobilwerkes Ende der 1970er Jahre.

Auf den Montagefließbändern des Werkes in Miass konnten bis zu 25 verschiedene Ural-Typen gleichzeitig zusammengeschraubt werden.

Am Achsenmontagefließband wurden die Starrachsen mit Doppelantrieb vorgefertigt.

Verladung der fertigen Ural-Typen zum Transport an die Endkunden. Was in diesem Fall wohl ausschließlich die Rote Armee gewesen sein dürfte.

Ural 4420 / 44202

Basierend auf den Ural 4320 waren schon zu dessen Anfangszeit Sattelschlepper-Prototypen gebaut worden, die später die Bezeichnung Ural-4420 erhielten. Die Serienfertigung begann 1980. Das Fahrzeug konnte Auflieger bis 15,2 Tonnen Gewicht ziehen. Teilweise wurde die Gesamtübersetzung des Lastwagens geändert, um größere Höchstgeschwindigkeiten zu erreichen.

Als erweiterte Version mit der Bezeichnung Ural-44202 waren Auflieger bis 18, später 19 Tonnen Gesamtgewicht möglich.

Ab 1983 wurden einige wenige Exemplare für militärische Spezialaufgaben der NVA in die DDR geliefert.

Ein Ural-4420 in seinem Element bei einer Wasserdurchfahrt. Meistens hatten diese Typen Tankauflieger auf dem Sattel. (Foto: Doctor Digger Shrew © CC-BY-SA-3.0)

Ural-5557

Ebenfalls auf das Dieselmodell 4320 zurückgehend wurde ab 1984 das ursprünglich als Kipper konzipierte Fahrzeug Ural-5557 gebaut. Neben dem Kipper wurde er später aufgrund seiner höheren Nutzlast für diverse Spezialaufbauten genutzt, die nicht auf einen Ural-4320 verlastet werden konnten.

Der geländegängige Diesel-Lkw konnte als Kipper – je nach Ausführung – sieben bis zehn Tonnen Schüttgut transportieren. Es wurden Fahrzeuge mit rechteckigen hohen Aufbauten für leichte Schüttgüter gefertigt, wie sie in der Landwirtschaft notwendig waren. Außerdem wurden Lkw mit einer höheren Zuladung von zehn Tonnen in Form von Muldenkippern gebaut, die insbesondere auf Baustellen den Transport von Sand, Kies, Schotter und ähnlichen Baustoffen übernahmen.

Der Ural-5557 als Baustellenkipper. Maximal zehn Tonnen konnten aufgeladen werden. (Foto: Druschba 4 © CC-BY-SA-4.0)

Die Schneeräummaschine

Eine Art Sonderfall im Uralproramm – wie auch schon beim ZIL – war die Schneeräummaschine D-902 (bei ZIL: D-707). Bei der im Prospekt »Schneeschleuder« genannten, hierzulande gerne als »Schneefräse« titulierten Maschine, handelte es sich um ein 15,5 Tonnen schweres und über zehn Meter langes Ungetüm, das auf das Basisfahrgestell des Ural-375 montiert war. Mit der Geländegängigkeit und der Räumbreite von 2,81 Meter waren der gerne auf Flugplätzen und Autobahnen eingesetzten Maschine kaum Grenzen gesetzt. Der 420 PS starke 12-Zylinder-Motor 1D12BC, den man aus dem Kampfpanzer T 34 kannte und der sich auf dem Doppelachsaufbau des Ural befand, sorgte dafür, dass bis zu 1,50 Meter hohe Schneeschichten mühelos beiseitegeschafft werden konnten. Die Verbindung von Motor und Schneeschleuder kam mittels Pressluftkupplung, Reduziergetriebe, Kardanwellen und diversen Ketten, Kegel- und Stirnrädern zustande. Die komplette Bedienung erfolgte vom Fahrersitz aus. Die zwei Schnecken nahmen, wenn nötig, 1200 Tonnen Schnee pro Stunde auf, die dann bis zu 64 Meter weit in die Botanik geschleudert wurden.

Flugplätze waren eines der Hauptbetätigungsfelder für den Ural-375 und die Schneefräse D-902 im russischen Winter.

Auf der Leipziger Messe 1975 gab es Gold für das monströse Gerät, das in einigen Exemplaren auch in die DDR geliefert wurde. (Foto. Ralf Weinreich)

Die D-902 im Einsatz bot stets ein imposantes Schauspiel. Bis zu 64 Meter weit konnte der Schnee geschleudert werden.

Diese Schneeschleuder war in der DDR im Einsatz. (Foto: Ralf Weinreich)

Der Schneeschleuder-Vorsatz, bestehend aus dem Läufer und zwei Schnecken, war mit einer Spezialaufhängung an den Längsträgern des Fahrgestells montiert.

Zivile Prospekte für den Ural-375 D waren rar und Laster mit großen Benzinmotoren international kaum noch gefragt.

Ein wenig anders sah das beim Ural-4320 aus, denn ein großer Diesel-Allrad-LKW schien für viele Gegenden in der Welt interessant zu sein.

Nach dem Ende des Sozialismus

Nach dem Zerfall der Sowjetunion gründete das UralAZ 1994 zusammen mit Iveco und Gazprom ein Joint Venture, um einen neuen Fertigungskomplex aufzubauen. Das Werk war nun in der Lage, bis zu 3000 Lastwagen und 9000 Fahrerkabinen pro Jahr zu produzieren. Aufgrund des Joint Ventures wurden viele Lastwagen des Unternehmens mit Kabinen der Iveco-T-Reihe ausgestattet.

1996 begann die Serienfertigung des Ural-43206, der zweiachsigen Version des Ural-4320. 1997 gründete das UralAZ zusammen mit der Deutz AG ein weiteres Joint Venture zur Fertigung von Motoren. 1999 wurde ein neues Werk eröffnet, das Kapazitäten zur Produktion von 1000 Lastwagen des Typs Ural-3255 bot, dessen Produktion im Jahr 2000 begann. 2005 wurde das UralAZ ein Teil der GAZ-Gruppe und 2011 begann die Serienfertigung des schweren Ural-6370.

Seit 2015 wurde mit dem URAL NEXT ein Nachfolger für den Ural-4320 gefertigt. 2017 arbeiteten noch 4400 Menschen für das Werk. Ab Ende 2018 wurde das Unternehmen von der GAZ-Gruppe veräußert und ist mittlerweile selbstständig.

Seit 2015 wird im Uralski Sawod der Allrad-LKW »URAL NEXT« gefertigt. Ein moderner Reihen-Sechszylinder-Dieselmotor leistet hier 312 PS. (Foto: Artem Svetlov © CC-BY-SA-2.0)

KrAZ – der Riese aus Krementschug

Die längst zur Legende gewordenen großen Haubenlaster der KrAZ-Baureihe gehen auf das zweitälteste Automobilwerk der Sowjetunion in Jaroslawl, 282 Kilometer nordöstlich von Moskau gelegen, zurück. Das 1916, nur kurz nach der Moskauer AMO-Fabrik, gegründete Jaroslawski Awtomobilny Sawod (JaAZ) – nach einigen Zwischenbezeichnungen erhielt das Werk erst 1933 diesen Namen – wurde nach der Oktoberrevolution zunächst als Reparaturbetrieb geführt, ehe ab Dezember 1925 erste Lastwagen entstanden. Es handelte sich um eine an den AMO F 15 angelehnte Konstruktion mit einem 35 PS leistenden Vierzylinder-Ottomotor, der höchstens 30 km/h zuließ. Maximal drei Tonnen konnten auf die Pritsche des bis 1928 in nur 170 Exemplaren gebauten Lasters mit der Bezeichnung Ja-3 geladen werden.

Beim Nachfolger Ja-4 setzten die Konstrukteure auf einen stärkeren Motor, genauer gesagt auf den Reihen-Sechszylinder-Ottomotor »M 26« von Daimler Benz, der aus über sieben Liter Hubraum 70 PS mobilisierte und mittels elektrischem Anlasser gestartet werden konnte, was beim Vorgänger nicht der Fall war. Auch aus Deutschland, nämlich von Bosch, kam ein Bremskraftverstärker, da man bei fast neun Tonnen (vier Tonnen Nutzlast) Gesamtgewicht und 45 km/h Höchstgeschwindigkeit nicht mehr auf rein mechanische Bremsen setzen wollte. Schätzungen gehen von bis zu 180 Fahrzeugen vom Typ Ja-4 aus, die in etwa einem Jahr gefertigt wurden; anders als im moderneren Moskauer AMO-Werk herrschten in Jaroslawl noch Manufakturbedingungen.

Das änderte sich auch beim Ja-5 noch nicht grundsätzlich, allerdings wendete man sich von den deutschen Lieferanten wieder ab und intensivierte die Zusammenarbeit mit amerikanischen Firmen. Beim Ja-5 waren die Konstrukteure jetzt bei einer Nutzlast von fünf Tonnen angekommen, die Motorleistung des Sechszylinders betrug nun 92 PS, die Höchstgeschwindigkeit 50 km/h. Mit der Erweiterung des Werks konnte die Produktion zwar gesteigert werden, blieb aber für das riesige Land immer noch verschwindend gering. Allerdings wurden die Laster überwiegend in den größeren Städten eingesetzt, da wo es befestigte Straßen gab. Auf dem Lande und den dort oft üblen Straßenverhältnissen dominierten über Jahrzehnte weiter Pferde- und Ochsengespanne.

Der Ja-3 war 1925/26 der erste im Werk Jaroslawl gebaute LKW, der alles in allem nicht mehr dem Stand der Technik dieser Zeit entsprach.

Im Ja-4 arbeitete ein Motor von Daimler Benz und ein Bremskraftverstärker von Bosch.

Die Hinwendung zu amerikanischen Vorbildern zeigte sich optisch auch am JaG-7 von 1939.

Bis 1934 wurde der Ja-5 nach wie vor gebaut, parallel lief aber bereits der erste Dreiachser vom Typ JaG-10 aus den Montagehallen. Das Vorbild für diesen Acht-Tonnen-Laster war bei der amerikanischen Firma Moreland zu suchen, was vor allem für das Fahrgestell galt. Die Motoren kamen von unterschiedlichen, ebenfalls amerikanischen Herstellern (Hercules, Continental), da man in der Sowjetunion noch nicht in der Lage war, zugkräftige Motoren für so große LKW zu bauen. Denn für 15 Tonnen Gesamtgewicht waren wenigstens 90 PS nötig.
Die Motorenbeschaffung war schließlich auch der Hauptgrund, warum bis 1940 nur 322 Exemplare vom JaG-10 entstanden waren. Es war auch vorerst der letzte LKW, der in Jaroslawl gebaut wurde, denn mit dem Eintritt in den Zweiten Weltkrieg wurden im Werk andere Prioritäten gesetzt.

Der Typ JaG-10 war 1932 der erste Dreiachser-LKW aus Jaroslawl. Der Achttonner wurde mangels Motoren bis 1940 nur 320 Mal gebaut.

JaAZ-210

Von 1942 bis 1948 wurden Artillerieschlepper und anderes Kriegsgerät produziert. Gleichzeitig kamen mit der Verabschiedung des sogenannten Leih- und Pachtgesetzes große Mengen US-amerikanischer Technik in die Sowjetunion, darunter auch Zweitakt-Dieselmotoren mit vier und sechs Zylindern der Firma Detroit Diesel. Mit bis zu 215 PS waren diese Motoren erheblich leistungsfähiger als alle zuvor verwendeten sowjetischen Lastwagenmotoren. Sie wurden noch im Krieg unter anderem in die Kettenschlepper aus Jaroslawl eingebaut. Außerdem lieferte die USA große Mengen kompletter Lastwagen, die später von sowjetischen Konstrukteuren kopiert wurden.

Mit dem Ende des Krieges begann man in Jaroslawl wieder zivile Lastwagenprojekte zu konzipieren. Neben dem JaAZ-200, von dem im nächsten Kapitel die Rede sein wird, hatte man in Jaroslawl auch mit der Serienfertigung der amerikanischen Zweitakt-Dieselmotoren begonnen, die man geringfügigen Änderungen unterzog. Die Vierzylinder des Typs JaAZ-204 und die Sechszylinder des Typs JaAZ-206 wurden noch über Jahrzehnte am Standort produziert und prägten die erste Generation schwerer sowjetischer Lastwagen nach dem Krieg.

Ab 1948 wurden erste Prototypen des Dreiachsers JaAZ-210 mit verschiedenen Aufbauten, angetrieben vom Sechszylinder-Zweitakt-Dieselmotor JaAZ-206, gefertigt. Über 80 Prozent der Bauteile, die den JaAZ-210 ausmachten, waren vom JaAZ-200 übernommen worden. Neue Teile mussten für den Motor, das Verteilergetriebe und den Aufbau konstruiert werden. Auch die Fahrerkabinen waren nahezu identisch. Da das Werk mit der Serienfertigung dieses Zweiachsers ausgelastet war, kam es zunächst nicht zu einer Serienfertigung des Dreiachsers. Im Sommer 1950 wurde die Modellpalette um einen Muldenkipper ergänzt, von dem Ende 1950 die ersten sechs Exemplare fertiggestellt waren. Und nachdem die Produktion des JaAZ-200 nach Minsk ausgelagert worden war, konnte die Serienfertigung

Wie von den übrigen sowjetischen LKW wurden auch vom JaAZ-210 die meisten der rund 11 000 Exemplare als Pritschenfahrzeug gebaut.

Vorstellung des Muldenkippers JaAZ-210E auf der Leipziger Herbstmesse 1954.

Die Sattelzugmaschine JaAZ-210D mit Tankauflieger. (Foto: Eskander-m © CC-BY-SA-4.0)

der restlichen Varianten im Laufe des Jahres 1951 starten.

Im ersten vollen Produktionsjahr 1951 wurden 346 JaAZ-210 der Versionen JaAZ-210 (mit Holzpritsche), JaAZ-210 G (mit Ballastpritsche) und JaAZ-210 E (Muldenkipper) gebaut. 1952 wurde die Sattelzugmaschine JaAZ-210 D in die Serienfertigung übernommen. In den Folgemonaten wurde die Produktion kontinuierlich gesteigert und erreichte 1956 mit 2311 Exemplaren ihren Höhepunkt. Fast 11 000 Fahrzeuge waren insgesamt gebaut worden.

JaAZ-219 / KrAZ-219

1957 hatte im Jaroslawski Awtomobilny Sawod die Serienfertigung des JaAZ-219 als Nachfolger des JaAZ-210 begonnen. Wesentliche Neuerung gegenüber dem Vorgänger war die Kabine, die zuvor schon beim JaAZ-214 eingeführt worden war. Die Kühlermaske war nun flach und durch ein zusätzliches Gitter geschützt. Die Leistung des Motors konnte auf 180 PS gesteigert werden, während sich gleichzeitig der Kraftstoffverbrauch von 60 auf 55 Liter pro 100 Kilometer verringerte. Bremsen und

Ein KrAZ-219 mit einem Ölabscheider-Spezialaufbau. (Foto: Szater)

Mit der Verlegung der LKW-Produktion nach Krementschuk wechselten Bezeichnung und Figur auf dem Kühler.

Ein Mobilkran K-162, montiert auf dem Chassis des KrAZ-219, hier am Hathor-Tempel im ägyptischen Philae. (Foto: Spielvogel © CC-BY-SA-1.0)

Heizung wurden überarbeitet, die Form der Kotflügel verändert und die Federung verbessert.

Auf Grund eines politischen Entschlusses wurde nach fast 2800 Exemplaren die komplette Lastwagenfertigung ins ukrainische Krementschuk verlagert. Aus Jaroslawl sollten künftig nur noch Motoren und Getriebe kommen – also auch die Triebwerke für die künftigen großen Laster aus Krementschuk.

Zur optischen Unterscheidung änderte sich die Kühlerfigur – aus dem Bären von Jaroslawl wurde das KrAZ-Symbol.

Die ursprüngliche Version des Fahrzeugs wurde bis 1964 in knapp 13.000 Exemplaren gefertigt. 1963 wurde die elektrische Anlage von 12 auf 24 Volt umgerüstet und der überarbeitete Motor JaAZ-M206 B mit nun 205 PS eingesetzt. Das Ergebnis wurde als KrAZ-219 B bezeichnet und bis 1965 in Serie gefertigt. Die im Schlusskapitel wiedergegebenen technischen Daten beziehen sich nur auf das bis 1964 gebaute Modell mit Pritsche.

Der KrAZ-219 wurde hauptsächlich für zivile Zwecke genutzt, kam aber als Kranwagen, Tankwagen und mit diversen Sonderaufbauten auch zur Sowjetarmee.

Die wichtigsten Abwandlungen des Basismodells 219 waren die Typen KrAZ-221 (Sattelzugmaschine) und KrAZ-222 (Muldenkipper). Beide Typen waren noch in Jaroslawl entwickelt und von 1957 bis 1959 auch als JaAZ-221 bzw. JaAZ-222 gebaut worden. Anders als der Pritschenwagen (bis 1965) wurden Kipper und Sattelschlepper bis 1966 gebaut.

Und noch etwas ganz Spezielles: Dieser KrAZ-219 trägt einen mobilen Bohrturm für das Aufspüren von Erdgasfeldern. (Foto: Assemacher © CC-BY-SA-4.0)

JaAZ-214 / KrAZ-214

Schon bei der Entwicklung der großen Dreiachser-LKW war neben den Modellen mit Hinterachsantrieb auch eine Typenreihe mit Allradantrieb vorgesehen. Erster Vertreter dieser Baureihe war der JaAZ-214.

1950 war parallel zum JaAZ-210 mit der Entwicklung des Allradlers begonnen worden, 1957 startete schließlich die Serienproduktion. Wie schon beim Typ 219 wurde auch die Fertigung des JaAZ-214 im Jahre 1959 nach Krementschuk verlagert, wo die Montage noch bis 1967 – jetzt als KrAZ-214 fortgesetzt wurde. Optisch lehnte sich der Laster an den Typ 219 an, es gab – neben dem Allradantrieb – aber einige technische Besonderheiten. So wurde die Motorleistung auf 205 PS gesteigert und es bleibt festzuhalten, dass der JaAZ-214 der erste Diesel-LKW mit Allradantrieb in der UdSSR war! Anders als bei den Modellen ohne Allradantrieb wurden große Niederdruckreifen montiert; auf die Doppelbereifung an den Hinterachsen konnte damit verzichtet werden. Zudem erhielt der Lastwagen eine deutlich kürzere Ladefläche und ein zweistufiges Untersetzungsgetriebe. Dieses ermöglichte auch die hohe Anhängelast von bis zu 50 Tonnen auf befestigten Straßen und eine Steigfähigkeit von 58 Prozent.

Bis 1959 wurden 1265 Lastkraftwagen dieses Typs bei JaAZ produziert, bevor er dann in Krementschuk unverändert bis 1963 und mit leichten Überarbeitungen bis 1967 als KrAZ-214 B die Montagehallen verließ.

Der JaAZ-214 diente, wie auch seine Nachfolger, in der Sowjetarmee und deren sozialistischen »Bruderarmeen« für den Transport schwerer Waffensysteme und Baumaschinen. Er war die Basis für verschiedene Mobilbagger, für das Mehrfachraketenwerfersystem BM-25, das Flugabwehrraketensystem S-125 Newa sowie Transportfahrzeug für die unbemannte Drohne Tupolew Tu-121. Zudem wurde er in Kombination mit speziellen Anhängern als Zugfahrzeug für weitere ballistische Raketen genutzt und fand Verwendung als Pontonleger. Auch als Sattelzugmaschine mit Tankauflieger war er häufig zu sehen.

Ein KrAZ-214 als Brückenleger 1967 an der Elbe bei Pirna (Foto: Christian Gebhardt © CC-BY-SA-4.0)

Der KrAZ-214, hier als Trägerfahrzeug des Raketenwerfers BM-25 in einem russischen Museum. (Foto: One half 3544)

Den KrAZ-214 prägte für viele Jahre das Gesicht der großen Laster aus Krementschuk. Natürlich gab es ihn auch als Pritschenfahrzeug in verschiedenen Ausführungen.

Blick in die Montagehalle von Krementschuk in den 70er Jahren. Allradler und Laster mit Hinterachsantrieb laufen hintereinander vom Band.

Das Automobilwerk Krementschuk

Noch 1945, kurz nach dem Ende des Zweiten Weltkrieges, hatte die sowjetische Wirtschaftsführung beschlossen, in Krementschuk ein Werk für Stahlbauteile zu errichten. Im Sommer 1948 begann dann die Fertigung von Brückenelementen, ehe ab 1956 auf die Produktion von Landmaschinen umgestellt wurde. Nicht einmal drei Jahre währte diese Periode, denn die Kommunistische Partei (KPdSU) der UdSSR hatte in einem neuen Volkswirtschaftsplan bereits 1948 festgelegt, dass Krementschuk perspektivisch zur Lastwagenfabrik umfunktioniert werden würde. Was dann mit der Übernahme der JaAZ-Laster ab 1959 auch geschah. Die Fabrik firmierte nun als »Krementschuker Automobilwerk KrAZ«, wobei das Z wieder für Sawod – Fabrik – stand.

KrAZ-257 / KrAZ-257 B

Der Nachfolger des hinterachsangetriebenen (6 x 4) KrAZ-219 unterschied sich optisch zunächst nur durch zusätzliche Gitter vor dem Kühlergrill und die Lampen. Später wurden die Frontscheinwerfer beim KrAZ-257 in eigenen, auf den Kotflügeln befestigten, eckigen Blechgehäusen untergebracht. Die wesentlichste Änderung betraf den Motor: Der Sechszylindermotor JaAZ-M206A des KrAZ-219 wurde durch den deutlich leistungsfähigeren neuen Achtzylinder-Dieselmotor JaMZ-238 ersetzt, der immer noch aus Jaroslawl zugeliefert wurde.

Die Grundversion KrAZ-257 wurde von 1965 bis etwa 1977 gefertigt. Seit der zweiten Hälfte der 1970er-Jahre gab es eine überarbeitete Version KrAZ-257 B, die sich hauptsächlich durch ein geändertes Bremssystem vom Ausgangsmodell unterschied. Gelegentlich wird sie auch unter der Modellbezeichnung KrAZ-257 B1 geführt. Die Produktion wurde laut unterschiedlicher Quellen zwischen 1991 und 1995 eingestellt.

Als Nachfolger des Modells 219 wurde in Krementschuk ab 1965 der KrAZ-257, jetzt mit einem starken Achtzylinder-Dieselmotor, gebaut.

Natürlich war auch der KrAZ-257 für militärische Zwecke vorgesehen. Hier mit einem Universal-Kofferaufbau. (Foto: Vitaly V. Kuzmin © CC-BY-SA-4.0)

Z KR 257H

Dieser perfekt restaurierte KrAZ-257 Lastzug war seinerzeit im Kernkraftwerk Lubmin im Einsatz. (Foto: Ralf Weinreich)

Anfänglich waren die Scheinwerfer der Achtzylinder-Laster noch nicht in einem Gehäuse untergebracht.

Der kraftvolle Achtzylinder-Viertakt-Dieselmotor in V-Anordnung löste ab 1965 den Zweitakt-Reihensechszylinder ab.

Vom 2. bis zum 5. Gang war das Getriebe synchronisiert, ein Verteilergetriebe mit zwischenachsigem Ausgleichsgetriebe sorgte für zwei Drehzahlen. In der Mittel- und Hinterachsbrücke waren die Achsantriebe mit Zweistufenübertragung untergebracht. Die Achswellen selbst waren vollständig entlastet. ↗

Anders als im Ural waren die KrAZ-Fahrerkabinen serienmäßig mit einer Heizung ausgestattet. Zusammen mit den ausstellbaren Frontscheiben nannten das die Sowjets »Klimaanlage«.

KrAZ-256 B / KrAZ-256 B1

Das Modell 256 B war als Nachfolger des Typs 222 eine Variante des KrAZ-257 mit Kippmulde und basierte immer noch auf dem Fahrgestell des KrAZ-219. Optisch gab es beim KrAZ-256 B kaum Unterschiede, so wurde der Kipper in den ersten Jahren noch mit Scheinwerfern ausgeliefert, die in runden Fassungen und nicht, wie bei der KrAZ-Generation ab 1977, in eckigen Blechkästen auf den Kotflügeln untergebracht waren.

Im Zuge unter anderem eben dieser Modifikation (einzig an der Bremsanlage waren größere Änderungen vorgenommen worden) wurde der Lastwagen 1977 in KrAZ-256 B1 umbenannt. Eine Bezeichnung, die er bis zum Produktionsende 1994 beibehielt.

Die hydraulisch kippbare Mulde mit verriegelnder Rückwandklappe konnte acht Kubikmeter beliebigen Schüttguts bis maximal 12 Tonnen aufnehmen.

Ein KrAZ-256 B der ersten Bauserie ab 1967.

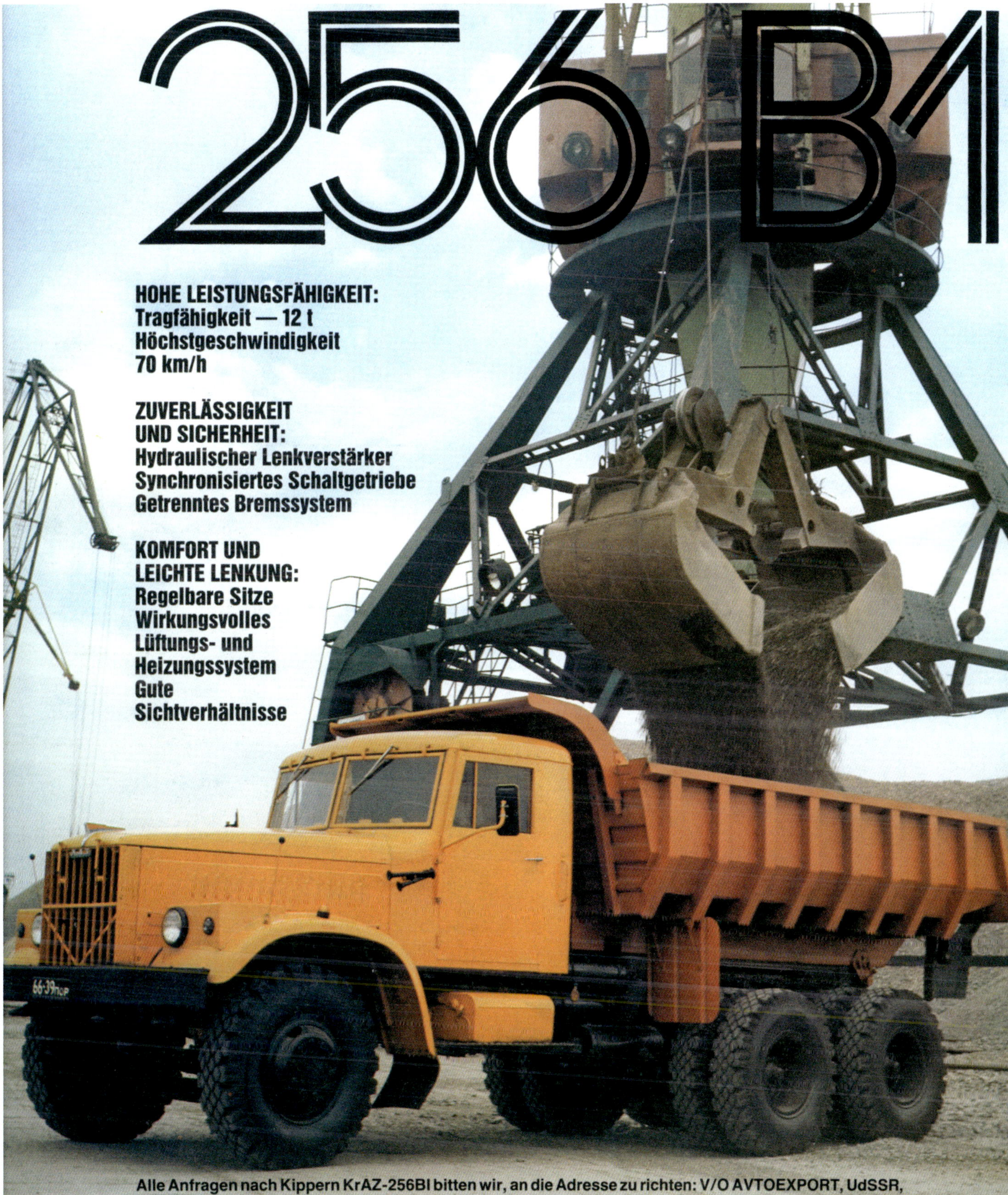
256B1
HOHE LEISTUNGSFÄHIGKEIT:
Tragfähigkeit — 12 t
Höchstgeschwindigkeit
70 km/h
ZUVERLÄSSIGKEIT
UND SICHERHEIT:
Hydraulischer Lenkverstärker
Synchronisiertes Schaltgetriebe
Getrenntes Bremssystem
KOMFORT UND
LEICHTE LENKUNG:
Regelbare Sitze
Wirkungsvolles
Lüftungs- und
Heizungssystem
Gute
Sichtverhältnisse
Alle Anfragen nach Kippern KrAZ-256BI bitten wir, an die Adresse zu richten: V/O AVTOEXPORT, UdSSR, 119902 Moskau, ul. Wolchonka 14 oder an die Vertreterfirmen der Vereinigung in Ihrem Lande.

Spätestens mit der Zusatzbezeichnung B1 ab 1977 waren die Scheinwerfer in einem eckigen Blechgehäuse auf den Kotflügeln untergebracht. Der Kipper war eines der beliebtesten KrAZ-Modelle, er wurde in 55 Länder exportiert. (siehe auch vorhergehende Seite)

1986 wurden 18 Sonderfahrzeuge mit der Bezeichnung KrAZ-256 B1-030 hergestellt, die bei den Aufräumarbeiten im teilweise zerstörten Kernkraftwerk Tschernobyl zum Einsatz kamen. Vor allem die Kabine war deutlich überarbeitet und abgedichtet worden, um den Fahrern den bestmöglichen Schutz vor radioaktiver Strahlung zu gewähren. Ob es genützt hat?

Die klassischen Ausführungen des Modells KrAZ-256 B wurden in größeren Stückzahlen exportiert. Abnehmer war mit insgesamt 3940 Fahrzeugen zwischen 1967 und 1989 auch die DDR, wo das Fahrzeug auf vielen Baustellen zu sehen war.

Fast 4000 KrAZ-Kipper kamen auch in die DDR. Drei davon sind hier auf einer Straße im Bezirk Rostock unterwegs. (Foto: Feli O © CC-BY-SA-4.0)

KrAZ-255 B / KrAZ-255 B1

Ab 1967 mit dem neuen Achtzylinder-Dieselmotor ausgerüstet, wurde der jetzt KrAZ-255 B genannte Laster das Nachfolgemodell des KrAZ-214 mit Allradantrieb. Das hieß, alle drei Achsen waren über ein sperrbares Verteilergetriebe an den Antriebsstrang angeschlossen. Wie üblich gab es das Basisfahrzeug mit vielen Aufbauten, wobei das Modell 255 B mit Pritsche wieder die Majorität in der Montagehalle hatte und am häufigsten exportiert wurde. Ab 1970 auch in größeren Stückzahlen in die DDR. Die Fahrzeuge dienten zudem als Basis für Spezialaufbauten wie Mobilkräne, Tankwagen, militärisches Gerät oder Bagger.

Neben dem Antriebsaggregat unterschied sich der neue KrAZ vom Typ 214 unter anderem durch eine vom Fahrersitz aus steuerbare Reifendruck-Regelanlage, wie sie vom Ural her bekannt war und der neuen Reifengröße 1300 x 530 x 533.

In den Jahren 1977 bis 1979 wurden – wie schon erwähnt – alle Lastwagen bei KrAZ überarbeitet, wobei das nun verbaute Zweikreisbremssystem als einzig wichtige Änderung zu nennen ist. Und wie bei den vorherigen Modellen auch, kennzeichnete eine zusätzliche 1 hinter dem Buchstaben die Weiterentwicklung.

Wann genau die Produktion eingestellt wurde, konnte nicht ermittelt werden, spätestens jedoch 1994.

In der DDR wurde dieser KrAZ-255 B mit dem Gülletank HTS 100 kombiniert. Nach der Wende diente er als Wasserwagen beim Autobahnbau. (Foto: Marco Kuntzsch © CC-BY-SA-3.0)

In der Roten Armee und den späteren russischen Streitkräften diente dieser KrAZ-255 B mit einem aufgebauten Bagger vom Typ EOV-4421. (Foto: Vitaly V. Kuzmin © CC-BY-SA-4.0)

KrAZ-255 V und KrAZ-255 L

Als Abwandlungen des Typs KrAZ-255 B mit Allradantrieb blieben die ab 1968 gebauten Modelle 255 V (Sattelzugmaschine) und 255 L (Langholztransporter) eher seltene Erscheinungen, wurden aber dennoch auch in die DDR exportiert. Der Sattelschlepper verfügte über eine Sattellast von acht Tonnen und konnte sich somit 18 Tonnen im Gelände und 26 Tonnen auf ebener Straße auflegen lassen.

In der DDR wurde der Allrad-Sattelschlepper ausschließlich bei der NVA eingesetzt. Anders der Langholztransporter KrAZ-255 L, von dem einige Exemplare in der Forstwirtschaft landeten. Mit neuem Bremssystem versehen mutierten die beiden Fahrzeuge ab 1979 zu den Typen 255 V1 und 255 L1. Über gebaute oder exportierte Stückzahlen ist nichts bekannt.

KrAZ-255 L als Langmaterialtransporter mit aufsattelbarem Nachläufer. (Foto: Ralf Weinreich)

KrAZ-258

Wesentlich mehr Exemplare als von der Allrad-Sattelzugmaschine entstanden von der heckangetriebenen Variante. Zwischen 1965 bis 1967 stellte KrAZ, wie schon beschrieben, die Produktion auf eine neue Lastwagenbaureihe mit Achtzylinder-Dieselmotor rund um die Typen KrAZ-257 und KrAZ-255 (Allradversion) um. Dabei endete 1966 auch die Fertigung der zuvor gebauten Sattelzugmaschine KrAZ-221 auf Basis des KrAZ-219. Als Ersatz wurde der KrAZ-258 eingeführt, der unverändert bis 1977 gefertigt wurde. Ab diesem Jahr wurde das Modell dann als KrAZ-258 B, wie die gesamte Baureihe, mit einem neuen Bremssystem ausgestattet und auch sonst leicht überarbeitet. Die B-Variante wurde noch bis 1989 unverändert gebaut, ehe die Produktion auf den Nachfolger KrAZ-6443 umgestellt wurde.

Der KrAZ-258 wurde in viele Länder, unter anderem bis nach Kuba exportiert. In der DDR sind einige Fahrzeuge vom VEB Baumechanik Eisenhüttenstadt, Betriebsteil Strausberg, mit Ballastpritsche statt Sattelkupplung ausgerüstet worden, die zum Ziehen von schweren Anhängern (nicht Sattelaufliegern) genutzt wurden. Abweichend vom ukrainischen Original wurde auch eine separate Bremsleitung für den Anhänger verlegt und einige Fahrerhäuser sogar auf Doppelkabinen erweitert.

Der Sattelschlepper mit Hinterradantrieb und dem Achtzylinder-Dieselmotor nannte sich ab 1966 KrAZ-258.

Kaum geliefert und schon in Sammlerhand. Nach dem Mauerfall wollte sich kein Unternehmen mehr einen KrAZ an den Hals hängen. Die Oldtimer-Fans freute es. (Foto: Ralf Weinreich)

Einer der Schwerpunkte für den Einsatz des KrAZ-258 war der Transport großer Maschinen und Anlagen auf Satteltiefladern.

Ein großes Betätigungsfeld waren auch Tanksysteme auf Flughäfen. Wie in diesem Fall der 22.000 Liter fassende Tankauflieger TS 22.

KrAZ-258 mit Doppelkabine und Ballastpritsche als Straßenzugmaschine. Im Hintergrund sehen wir eine Sattelzugmaschine. (Foto: Ralf Weinreich)

In der DDR entstanden auf Basis des KrAZ-258 einige Schwerlastzugmaschinen mit kurzer Ballastpritsche und langem Fahrerhaus.

KrAZ-250

Den Versuch, ein neues, moderneres Fahrerhaus für die KrAZ-Baureihe zu kreieren, gab es bereits in den frühen 1960er Jahren. Aber erst 1978 konnte die Serienproduktion beginnen.

Grundsätzlich war das Fahrzeug technisch nahezu identisch mit dem hinterachsangetriebenen KrAZ-257, der ja noch weiterhin parallel angeboten wurde. Lediglich die modern gestaltete Fahrerkabine, elastisch aufgehängt und komfortabel ausgestattet, unterschied den KrAZ-250 optisch von seinem Vorgänger. Das Triebwerk blieb völlig unverändert, am Fahrwerk gab es leichte Modifikationen. Auch eine Variante mit einem um 80 Zentimeter verlängerten Radstand, zum Aufbau etwa großer Kräne und Bagger, wurde angeboten. Die Zulademöglichkeit ohne Pritsche betrug immerhin stolze 14 Tonnen. Die Elektrik und die Bremsanlage entsprachen denen der »alten«, ab 1977 überarbeiteten Laster.

Lediglich die neue elastisch aufgehängte und komfortable Fahrerkabine unterschied den KrAZ-250 von seinem Vorgänger, dem Typ 257.

Der Arbeitsplatz, die Antriebsachse und die Triebwerkseinheit des KrAZ-250 in einem Prospekt aus den 80er Jahren.

Aufgrund ihrer hohen Nutzlast waren und sind die KrAZ 250 in geologisch arbeitenden Firmen im Einsatz. (Fotos: Ralf Weinreich)

KrAZ-260

Die Serienproduktion des allradangetriebenen KrAZ-260 hatte 1979, mit einem Jahr Verzögerung begonnen und auch hier lief das Vorgängermodell KrAZ-255 weiter von den Montagebändern. Die Produktionszahlen sowohl für den Typ 250 wie auch für den Allradler blieben über den gesamten Zeitraum weit hinter denen der alten KrAZ-Modelle zurück und erst in den 80er Jahren wurden die Fahrzeuge bei der Roten Armee eingeführt. Hier konnte der Typ 260 unbeladen bis zu 30 Tonnen schweres Gerät ziehen. Die Einführung in der NVA erfolgte gar erst ab 1988.

Der KrAZ-260 war mit dem überarbeiteten Achtzylinder-Dieselmotor des Typs JaMZ-238 L ausgestattet, der aus dem bekannten Hubraum von 14.860 ccm hier eine Leistung von 300 PS mobilisierte. Auch das Schaltgetriebe vom Typ JaMZ-238 B wurde vom Jaroslawski Motorny Sawod in Moskau gefertigt. Es hatte acht Vorwärts- und zwei Rückwärtsgänge. Konstruktiv bestand es aus einem Vierganggetriebe mit Rückwärtsgang und einer zweistufigen Vorschaltgruppe. Als zentrales Bauteil des Allradantriebs war außerdem ein Verteilergetriebe mit zusätzlich sperrbarem Mitteldifferential und eine zweistufige Untersetzung für den Geländebetrieb eingebaut.

Natürlich blieb fast ausschließlich dem Militär der Einsatz des allradgetriebenen KrAZ-260 vorbehalten. Und hier wiederum überwiegend der Roten Armee. (Foto: Vitaly V. Kuzmin © CC-BY-SA-4.0)

Ein KrAZ-260 als Transportfahrzeug für das Militärboot BMK-460 in schwerem Gelände.
(Foto: Vitaly V. Kuzmin © CC-BY-SA-4.0)

Interessanterweise wurden in den meisten für den Export vorgesehenen Prospekten die Fahrzeugbezeichnungen in kyrillischer Schrift beibehalten.

Ein KrAZ-MPV Shrek One aus dem Jahr 2016 als gepanzertes Einsatzfahrzeug einer UN-Mission. (Foto: VoidWanderer © CC-BY-SA-4.0)

In der eigenständigen Ukraine

Anfang der 1990er-Jahre erfolgte mit der Einführung der Baureihe KrAZ-6510 bei LKW und KrAZ-5444 bei den Sattelzugmaschinen der Versuch, das Werk auf marktwirtschaftliche Bedingungen umzustellen. 2004 gewann das Werk einen Großauftrag über 2300 Lastwagen, die an den Irak geliefert wurden. 2006 verließ das 800.000ste Fahrzeug das Werk, eine geländegängige Zugmaschine vom Typ KrAZ-6446. 2009 wurde der erste Lastwagen der fünften Generation – ein KrAZ C20.2 – hergestellt. 2013 begann das Werk mit der Serienfertigung von gepanzerten Fahrzeugen, die im Krieg gegen Russland eingesetzt wurden.

Das geschützte Fahrzeug „Schrek Odin" basiert ebenfalls auf KrAZ-Technik. (Foto aus: »Die Waffen der Ukrainischen Armee«)

MAZ – Mittelklasse-LKW und Großkipper aus Minsk

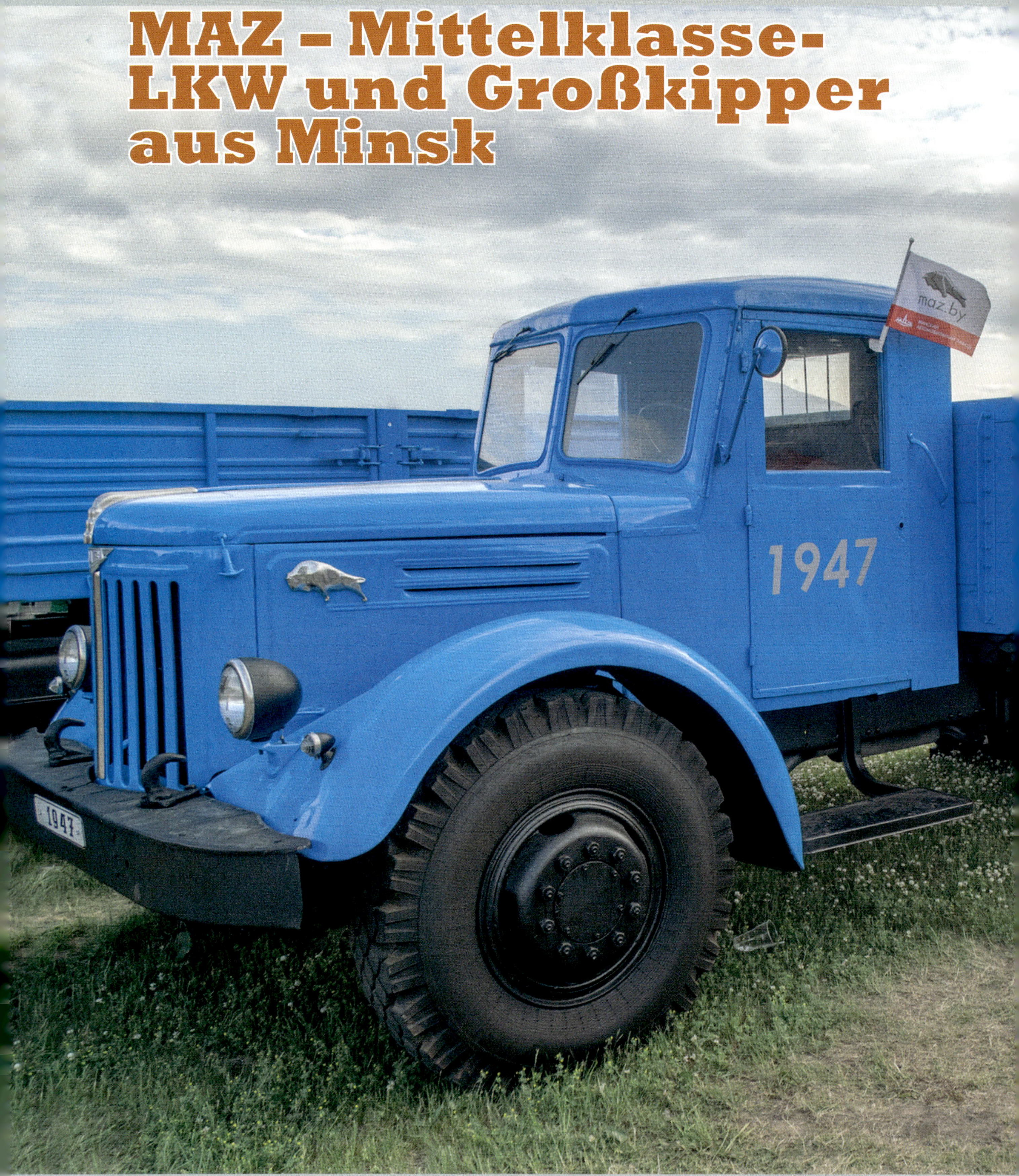

Die Geschichte der Haubenlaster aus dem Minski Awtomobilny Sawod (MAZ) war einmal mehr auf das alte Automobilwerk in Jaroslawl (JaAZ – siehe vorangegangenes Kapitel) zurückzuführen. Denn im August 1944, der Zweite Weltkrieg näherte sich bereits seinem Ende, hatte der staatliche Verteidigungsrat der UdSSR den Aufbau eines Automobilwerks am südlichen Rand von Minsk, der Hauptstadt der sowjetischen Teilrepublik Weißrussland (Belarus) angeordnet. Zweck dieses Beschlusses war es, das Werk in Jaroslawl durch die Übernahme von LKW-Montagen zu entlasten. Dabei dachte man an den bereits seit 1938 in Entwicklung befindlichen JaG-7. Der ursprüngliche Plan sah für Jaroslawl vor, dieses Fahrzeug ab 1942 in Serie zu bauen, was der Überfall Deutschlands auf die Sowjetunion im Sommer des gleichen Jahres allerdings verhinderte. Stattdessen wurde die Produktion in Jaroslawl auf Rüstungsgüter wie den Artillerieschlepper Ja-12 umgestellt.

(Foto: Homoatrox © CC-BY-SA-4.0)

Die Basis für den späteren JaAZ-200, seine Weiterentwicklungen und Variationen war der seit 1938 in Entwicklung befindliche JaG-7, der es aber nur bis zum Prototypenstadium schaffte.
(Zeichnung: Stephanie Lembert)

JaAZ-200 / MAZ 200

Der JaG-7 ging zwar nie in Serie, auf seiner Basis entstanden jedoch neue Prototypen, die schließlich 1944 zum JaAZ-200 führten. Er erhielt die neue dreistellige Typennummer mit Blick auf die bevorstehende Einführung einer neuen Nomenklatur für Kraftfahrzeuge in der UdSSR, die dem Werk in Jaroslawl die Nummern 200 bis 249 zuteilte. Das erste Exemplar war am 23. Dezember 1944 fahrbereit. Optisch wurden die Fahrzeuge nach amerikanischem Vorbild der frühen 1940er-Jahre gestaltet. Amerikanisch war auch der Motor: Während des Kriegs kamen durch den Lend-Lease-Act viele

Der JaAZ-200 aus der Fertigungsperiode in Jaroslawl, deutlich erkennbar an den Querstreben im Kühlergrill.

Zwei Exemplare des MAZ-200 auf der Leipziger Herbstmesse 1954. (Foto: Bundesarchiv)

US-amerikanische Lastwagen und Dieselmotoren ins Land. Darunter war auch eine größere Charge des Typs 4-71, ein Zweitakt-Dieselmotor von Detroit Diesel, der zunächst in den Artillerieschleppern Verwendung fand. Mit geringen Änderungen wurde dieser Vierzylinder-Motor, der 4650 ccm groß war und 112 PS leistete, für den Einsatz im JaAZ-200 fit gemacht.

Der neue Laster wog insgesamt 13,5 Tonnen, konnte sieben Tonnen aufladen und eine Anhängelast von maximal neun Tonnen bewältigen.

Mit der Vorstellung des Fahrzeugs in Moskau und der Genehmigung der Serienfertigung wurde gleichzeitig festgeschrieben, künftig das neue Minski Awtomobilny Sawod und das Werk in Jaroslawl mit

Ein MAZ-200 in einer späteren Ausführung mit Stahlpritsche. Der Haubenlaster wurde bis Mitte der 1960er Jahre in Minsk gebaut. (Foto: Andshel © CC-BY-SA-3.0)

der Produktion von Lastwagen mit Dieselmotoren und Nutzlasten zwischen fünf und sieben Tonnen zu beauftragen.

Die Serienproduktion des neuen JaAZ-200 begann schließlich im August 1947, gleichzeitig mit der Inbetriebnahme eines neuen Presswerks für die Karosserieteile.

Der JaAZ-200 war für damalige sowjetische Verhältnisse ein durchaus modernes Fahrzeug. Er war der erste in nennenswerten Mengen hergestellte sowjetische LKW mit Dieselmotor und hatte bereits ein teilsynchronisiertes Fünfgang-Schaltgetriebe. Er bekam ein modernes druckluftbetätigtes Bremssystem, das über einen Anschluss für die Anhängerbremse verfügte. Die Einspritzpumpe war die erste sowjetische Eigenkonstruktion eines solchen Bauteils.

Im neu errichteten Werk in Minsk begann die Serienproduktion des Pritschenwagens 1951 und wurde bis Anfang 1966 in verschiedensten Ausführungen fortgeführt. Der jetzt MAZ-200 genannte Laster unterschied sich vom Ursprungsmodell lediglich durch die Verwendung eines Kühlergrills mit senkrechten Streben und dem neuen Firmenemblem.

Der MAZ-200 wurde auch in geringen Stückzahlen in die DDR exportiert. Die Nationale Volksarmee nutzte den MAZ-200 ab 1963 mit Kofferaufbau für diverse Spezialfahrzeuge.

Die im letzten Kapitel angegebenen technischen Daten entsprechen der letzten Ausführung des Typs 200 von 1966.

Ein MAZ-205 Muldenkipper steht heute auf einem Sockel vor dem Werk in Minsk. (Foto: Homoatrox © CC-BY-SA-4.0)

MAZ-200 W und MAZ-205

Ebenfalls in die DDR eingeführt wurden einige Muldenkipper des Typs MAZ-205 und die Sattelzugmaschine MAZ-200 W.

Der MAZ-205 basierte technisch wie optisch auf dem Grundmodell der Baureihe, dem MAZ-200. Wie in der sowjetischen Nutzfahrzeugherstellung üblich, erhielt er mit dem Kipperaufbau trotzdem eine eigene Typennummer. Gegenüber dem Standardlastwagen wurde der Radstand um 720 Millimeter gekürzt und der Kraftstofftank verkleinert. Obwohl das Leergewicht des Fahrzeugs durch den komplexeren Aufbau höher war als das der Grundversion mit Pritsche, fiel das zulässige Gesamtgewicht geringer aus. Anders als bei der Standard-Pritsche, die, wie oben beschrieben, erst 1951 von Jaroslawl nach Minsk kam, gab das Jaroslawski

Ein MAZ-205 Muldenkipper bei der Arbeit, für die er konstruiert wurde. (Foto: Deutsche Fotothek)

Ein Tanklöschfahrzeug der Feuerwehr, aufgebaut auf einem Fahrgestell des MAZ-205.
(Foto: Igor Pomskin © CC-BY-SA-4.0)

Awtomobilny Sawod bereits 1948 die Fertigung des JaAZ-205 an das neu errichtete Minski Awtomobilny Sawod ab.

Der Typ MAZ-200 W war eine Sattelzugmaschine, die für den Einsatz mit den Sattelaufliegern MAZ-5245B (für Fracht) und MAZ-5245W (für Personentransport) vorgesehen war. 1952 begann dessen Produktion in Minsk mit einem auf 130 PS (ab 1957 135 PS) gesteigerten Dieselmotor. Bei der maximal zulässigen Sattellast von 7,2 Tonnen durfte das Gesamtgewicht des Zuges fast 23 Tonnen betragen. Die Sattelkupplung war doppelgelenkig mit einer automatischen Verriegelung.

Die Sattelzugmaschine MAZ-200 W (in einigen Publikationen auch 200 V genannt) wurde ab 1952 bis 1966 mit einem leistungsgesteigerten Motor gebaut.

MAZ-502

Zu den mehr als ein Dutzend Varianten des MAZ-200 gehörte als wichtiger Vertreter die Allradversion MAZ-502. Selbstverständlich wurde in der Sowjetunion kein einziges Nutzfahrzeug entwickelt, ohne dabei die unbedingt erforderliche militärische Nutzung zu berücksichtigen. Beim JaAZ-200 war das zunächst aber nicht der Fall. Dem zeigten die Militärbehörden anfangs die kalte Schulter. Dennoch entstand in Minsk mit dem Typ 501 eine Allradversion, die auf dem MAZ-200 beruhte. Das Modell 501 war schon Ende der 1940er Jahre in Minsk, vor allem für die Forstwirtschaft konzipiert worden – in der Version 501 V auch zum Langholztransport mit Nachläufer. Der MAZ-501 war das erste Fahrzeug, das im Minsker Automobilwerk entwickelt und produziert wurde. Da die Fabrik in Jaroslawl hier nicht mehr involviert war, erhielten die Minsker Entwicklungen entsprechend der neu eingeführten Nomenklatur jetzt Typennummern, die mit der Zahl 500 begannen. Das Modell 501 erregte nun doch die Aufmerksamkeit des Militärs, das eine entsprechend abweichende Entwicklung anordnete.

Der MAZ-502 unterschied sich vom MAZ-200 hauptsächlich durch den Antriebsstrang. Als Motor wurde der JaAZ-M204W verwendet, eine leistungsgesteigerte Version (wie in der Sattelzugmaschine) des Vierzylinder-Zweitakt-Dieselmotors aus dem MAZ-200. Aus dem Hubraum von 4650 cm³ holte der Motor hier 135 PS, die Höchstgeschwindigkeit lag bei bescheidenen 52 km/h. Über ein hand-

Der MAZ-502 war vorrangig als Pritschenwagen für den Personentransport vorgesehen. Der Armeelaster war deutlich an der größeren Bereifung zu erkennen, die hinten ohne Zwillingsräder auskam.

Der – in diesem Fall nicht mehr ganz intakte – Arbeitsplatz des MAZ-502-Fahrers. (Foto: Igorr © CC-BY-SA-3.0)

Bis in die späten 80er Jahre wurde dieser MAZ-Kranwagen bei einer Stahlbaufirma im Süden der DDR eingesetzt. (Foto: Ralf Weinreich)

geschaltetes Fünfgang-Wechselgetriebe und ein Verteilergetriebe wurden beide Achsen permanent angetrieben. Ein Zentraldifferenzial, sorgte für eine gleichmäßige Verteilung des Drehmoments auf beide Achsen. Im Gegensatz zum MAZ-200 waren alle Räder einfachbereift, allerdings mit Niederdruckreifen der Größe 15.00-20. Die Bremsen waren druckluftbetätigt, ebenso die Lenkhilfe. Für den Transport von Personen und Lasten wies der MAZ-502 eine Universalpritsche auf. Alle anderen Teile des Fahrzeuges waren baugleich mit denen des MAZ-200.

Die Serienproduktion begann 1957 in Minsk und wurde bis 1966 dort fortgeführt.

Der MAZ-502 fand in der Sowjetarmee keine große Verbreitung. Bei einem Gesamtgewicht von 11.700 kg war die einfach bereifte Hinterachse mit ungefähr 7.500 kg belastet, was die Geländegängigkeit des Fahrzeuges doch ziemlich einschränkte. Für Transportaufgaben war die Höchstgeschwindigkeit wiederum zu gering. Dennoch war der Lkw bis in die 1980er-Jahre hinein im Einsatz. Auch die Nationale Volksarmee nutzte den MAZ-502; mit 50 ab 1964 importierten Fahrzeugen blieb die Zahl hier ebenfalls sehr überschaubar.

1966 endete die Fertigung mittelschwerer Haubenlaster in Minsk. Schon im Jahr zuvor war mit der Montage neuer Frontlenkertypen begonnen worden, die fortan das Programm im Minsker Werk bestimmten. Der nächste Band dieser Buchreihe wird ausführlich darüber berichten.

Das Ende ist nah: Um den heiligen Schrottplan zu erfüllen musste auch dieser MAZ dran glauben. Allerdings stand er noch bis Mitte der 80er Jahre im Dienst. (Foto: Ralf Weinreich)

Größenvergleich 1: Der sowjetische PKW KIM 10-50 neben dem Großkipper MAZ-525.

MAZ-525

Für die sich äußerst rasant entwickelnde Bautätigkeit in der Sowjetunion nach dem Zweiten Weltkrieg, wie auch in Steinbrüchen und für den zunehmenden Bergbau, musste den bereits vorhandenen Großbaggern auch entsprechende Abfahrkapazität in Form von Großkippern an die Seite gestellt werden. Zu diesem Zweck hatte das Werk in Minsk Ende der 1940er Jahre den Auftrag erhalten, ein entsprechendes Fahrzeug zu entwickeln und neben der 200er Baureihe auch zu produzieren.

1951 begann schließlich die Serienmontage des Großkippers MAZ-525, der 25 Tonnen Schüttgut in seiner Mulde unterbringen und sich dieser mittels hydraulischer Kippvorrichtung innerhalb von 40 Sekunden wieder entledigen konnte. Dabei waren Gesteinsbrocken von bis zu sechs Kubikmetern Größe möglich, die aufgrund der besonderen Konstruktion der Kippmulde mit einer Eichenschicht zwischen dem Stahlgehäuse, auch mal in die Mulde fallen konnten, ohne Schaden zu hinterlassen.

Größenvergleich 2: Besprechung auf der Leipziger Herbstmesse 1953 neben einem MAZ-525.

Nein, geschont wurden sie nicht – die gewaltigen MAZ-Kipper – warum auch? Sie wurden ja für den schweren Baustelleneinsatz konzipiert und gebaut.

Angetrieben wurde das Ungetüm von einem aus der Panzerentwicklung stammenden V-12-Dieselmotor, der hier, anders als bei den »kleinen« Siebentonnern, im Viertaktverfahren arbeitete und 300 PS leistete. Die Kraftübertragung erfolgte über eine Zweischeibenkupplung, ein Vierganggetriebe

Der MAZ-525, der ab 1958 als BelAZ-525 im neuen Werk in Schodsina produziert wurde.

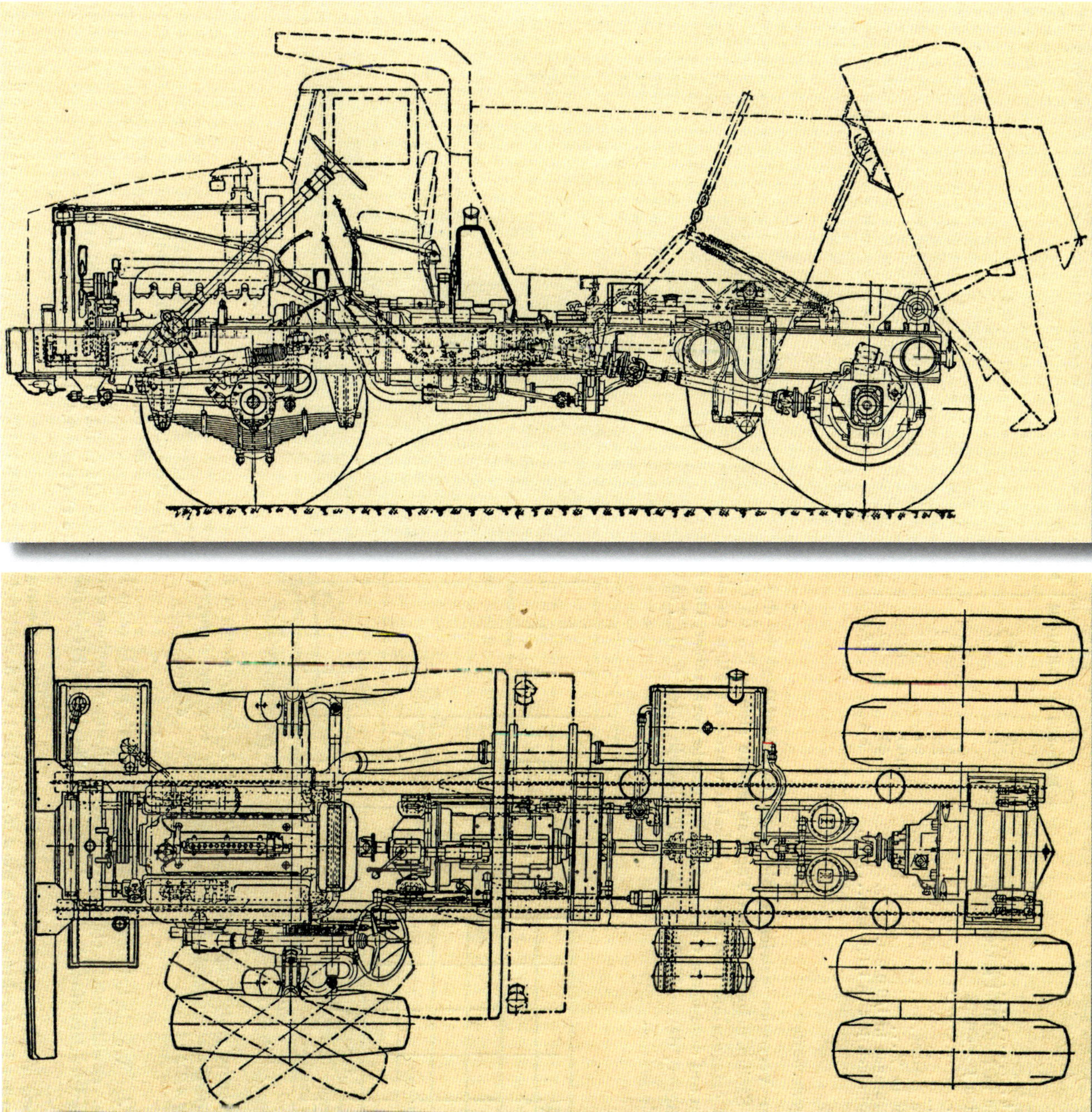

Funktionszeichnungen des MAZ-525 in Seitenansicht und Draufsicht.

und eine Kardanwelle mit Zwischenlager und Differential auf die Hinterräder. Die Lenkung war mit einer hydraulischen Servounterstützung ausgerüstet. Ansonsten gab es wenig Komfort, selbst auf eine Hinterachsfederung musste verzichtet werden. Mulde und Fahrgestell waren lediglich durch ein paar Gummipuffer getrennt, alles andere solten die riesigen, mit fünf Bar aufgepumpten Ballonreifen der Größe 17.00 x 32 auffangen.

Vom MAZ-525 gab es einige Abwandlungen bis hin zu schweren Baumaschinen, die direkt nichts mehr mit einem LKW zu tun hatten. Teile der Konstruktion wurden auch beim MAZ-541, einem Flugzeugschlepper aus den 1950er Jahren, verwendet. Er war für eine Anhängelast von 85 Tonnen konzipiert und wurde in äußerst geringen Stückzahlen gebaut.

Im Zuge der Neuaufteilung der sowjetischen Automobilindustrie wurde die Fertigung 1959 zu BelAZ verlagert. Dort wurde der Typ bis 1965 als BelAZ-525 weitergefertigt und schließlich durch den BelAZ-540 ersetzt (siehe nächstes Kapitel).

Ein MAZ-530 wird 1957 auf einer Ausstellung gezeigt. Links ein JaAZ-200 mit Kranaufbau. (Foto: Thomas Taylor Hammond)

MAZ-530

Da sich die Nutzlast von 25 Tonnen des MAZ-525 im täglichen Einsatz nicht immer als ausreichend erwies, beauftragte der Ministerrat der UdSSR im Mai 1955 das Werk in Minsk, eine dreiachsige Variante des Fahrzeugs mit einer Nutzlast von 40 Tonnen zu entwickeln. 1957 wurde schließlich die »Serienproduktion« aufgenommen. Der aus der Panzerfertigung stammende 12-Zylinder-Dieselmotor leistete

Dem Giganten ein Denkmal gesetzt: Der Großkipper MAZ-530 mit einer Ladekapazität von 40 Tonnen.

hier stolze 450 PS, die am Ende trotzdem ihre liebe Not mit dem Gesamtgewicht des Fahrzeugs von über 78 Tonnen hatten. Ein Grund dafür, dass die produzierten Stückzahlen des Überkippers eher bescheiden blieben. Gerade einmal 40 Fahrzeuge waren in Minsk entstanden, ehe auch hier die Produktion zu BelAZ verlagert wurde und das Modell als BelAZ-530 bis 1963 im Programm blieb.

Der MAZ-530 war schon eine gewaltige Erscheinung.

BelAZ – Großkipper aus Weißrussland

Die voranschreitende Spezialisierung im sowjetischen Automobil- und Nutzfahrzeugbau verbunden mit der stetigen Steigerung der Produktionszahlen, machten es unumgänglich, weitere Kapazitäten in Form neuer Automobilfabriken zu schaffen. In der belarussischen Sowjetrepublik bedeutete das, durch den Bau eines neuen Werkes die Fertigung der Großkipper zu verlagern, um Platz für die neue Frontlenker-Generation in Minsk zu schaffen. Dafür sah der Oberste Rat der Republik Belarus eine Fabrik nahe Schodsina, gute 50 Kilometer östlich von Minsk, vor, die ursprünglich Ende der 1940er Jahre für die Herstellung von Torfgewinnungsfahrzeugen errichtet worden war und in den 1950er Jahren auch Straßenbaumaschinen herstellte.

Wie im vorangegangenen Kapitel dargestellt, übernahm das Werk ab 1958 die Montage der großen Kipper MAZ-525 und MAZ-530, die hier jetzt als »BelAZ« (Belaruski Automobilny Sawod) aus der Fabrikhalle rollten.

BelAZ-540 / 540

1961 war bei BelAZ der erste Prototyp des Muldenkippers BelAZ-540 mit einer Zuladekapazität von 27 Tonnen fertig geworden, der den MAZ (BelAZ)-525 ablösen sollte. Der verbaute Zwölfzylindermotor mit knapp 39 Litern Hubraum war ursprünglich von der Sowjetunion im Zweiten Weltkrieg für Panzer entwickelt worden und schon beim Vorgänger zum Einsatz gekommen. Auch der BelAZ-540 wurde wie seine Vorgänger vom vorn eingebauten Dieselmotor über eine normale Kupplung und das Getriebe direkt angetrieben. Bereits in der Vorgängergeneration des Fahrzeugs traten aufgrund des hohen Gesamtgewichts mit dieser Technik Probleme auf. Das Getriebe war jetzt allerdings ein hydraulisch betätigtes Dreigang-Automatikgetriebe mit einem Rückwärtsgang. Eine weitere Neuerung des BelAZ-540 im Vergleich zu seinen Vorgängern war die hydropneumatische Federung vorn und hinten.

Etwa 1965 ging das neue Modell in die Serienfertigung. Bereits 1967 ersetzte man den äußerst ineffizienten Dieselmotor durch den moderneren Typ JaMZ-240 aus dem Jaroslawski Motorny Sawod, wie das Werk in Jaroslawl inzwischen hieß. Bei deutlich weniger Hubraum leistete er 380 PS. Die Fahrzeuge mit dieser Motorisierung, bei denen auch gleich die maximale Zuladung auf 30 Tonnen erhöht worden war, wurden als BelAZ-540 A bezeichnet und noch bis 1985 in Serie gefertigt.

Die DDR importierte zwischen 1966 und 1985 insgesamt 322 dieser Fahrzeuge, um sie im Bergbau einzusetzen.

Was ein BelAZ auf einen DDR-Autobahnparkplatz zu suchen hatte, bleibt fraglich. (Foto: Ralf Weinreich)

Der BelAZ-540 bei seiner klassischen Arbeit im Steinbruch.

Bereits nach zwei Produktionsjahren wurde aus dem Typ 540 das Modell 540 A, mit mehr Ladekapazität und einem neuen Motor.

Etwa 40 Sekunden brauchte der BelAZ-540 A, um sich seiner maximal 30 Tonnen Last zu entledigen.

BelAZ-548 / 548 A

Parallel zum BelAZ-540 wurde ebenfalls ab 1965 der BelAZ-548 gebaut. Optisch nahezu identisch aussehend (die Reifen waren größer dimensioniert) konnte der BelAZ-548 mit seiner 21 Kubikmeter (BelAZ-540 15,3 Kubikmeter) fassenden Mulde 40 Tonnen Material zuladen.

Der Zwölfzylinder-Dieselmotor verfügte bei diesem Modell über einen Turbolader, mit dessen Hilfe die Antriebsleistung auf 500 PS gesteigert werden konnte. 1967 wechselte auch hier, allerdings ohne nennenswert Änderungen, die Typenbezeichnung in BelAZ-548 A.

Von den großen Kippern gab es zwei Abwandlungen, die mithilfe eines geänderten Drehmomentverlaufes des turbogeladenen Dieselmotors bei verringerter Maximalleistung in tiefen Bergbaugruben eingesetzt wurden und Steigungen bis 20 Prozent bewältigten. Es handelte sich um die Typen BelAZ-75401 und BelAZ-7540, wobei das Getriebe des letzteren mit fünf Vorwärts- und zwei Rückwärtsgängen ausgestattet war.

Zu erwähnen ist außerdem noch der BelAZ-7421, eine Flughafenzugmaschine, bei der sich die 530 PS des Turbomotors auf beide Achsen verteilten und damit Flugzeuge bis 200 Tonnen Gesamtlast bewegt werden konnten.

Im Gegensatz zu seinem Vorgänger BelAZ-530 war der neue 40-Tonner vom Typ 548 A auch hinten mit einer Zwillingsbereifung versehen. Beide neuen Großkipper waren vorn und hinten gefedert.

Der Zwölfzylinder-Dieselmotor war im Typ 540 A ohne Turbolader ausgestattet. Die Zylinder der linken Bank wiesen einen Hub von 180 mm auf, die der rechten von 186,7 mm.

Eine Abwandlung der großen Kipper war der Typ BelAZ-7421 als Zugmaschine für Flugzeuge bis 200 Tonnen.

BelAZ-7522 und BelAZ-7523

Ähnlich wie aus der Kombinatsbildung in der DDR bekannt, begann auch die Sowjetunion zu Beginn der 1970er Jahre vergleichbare Strukturen aufzubauen. Im Fall der weißrussischen Firmen, die in den Automobilbau involviert waren, bedeutete das 1975 die Gründung der Vereinigung »BelavtoMAZ«, mit den beiden Hauptbetrieben MAZ in Minsk und BelAZ in Schodsina. Vor allem auf internationalen Märkten traten die Firmen, gesteuert von »Avtoexport« in Moskau, immer gemeinsam auf und präsentierten 1985 die Nachfolger der Kipper-Typen 540 und 548, die jetzt die Bezeichnungen BelAZ-7522 und 7523 trugen.

Mit überarbeitetem Motor (geringerer Kraftstoffverbrauch), verbessertem Getriebe und neuer Frontpartie blieben die Ladevolumen der jetzt beheizbaren Kippmulden (zur Verhinderung des Anfrierens von Schüttgut bei sehr niedrigen Temperaturen) mit 30 und 42 Tonnen in etwa gleich.

Der Größenvergleich fällt klar zu Gunsten des BelAZ aus. (Foto: Ralf Weinreich)

In die DDR kamen nur noch wenige dieser letzten sowjetischen Großkipper. Und das waren dann vor allem die Abwandlungen BelAZ-7526 und BelAZ-7527 mit geänderten Mulden für den Kohletransport im ostdeutschen Tagebau.

Ab 1985 kam der BelAZ-7522 als Nachfolger des Typs 540 A auf den Markt. Neben der neuen Frontgestaltung war der Antriebsstrang komplett überarbeitet worden. (Foto: ShinePhantom © CC-BY-SA-3.0)

Nach dem Ende der Sowjetunion

Das Werk in Schodsina hatte auch nach der Auflösung der Sowjetunion und der Eigenständigkeit von Weißrussland Bestand und produziert bis heute Großkipper und Baumaschinen. Seit der Werkseröffnung wurden mehr als 130 000 LKW und Baumaschinen für die Regionen der ehemaligen UdSSR und 70 weitere Exportländer hergestellt. Mit zwei Montagelinien in seinem Werk produziert »BELAZ« (heutige Schreibweise) jährlich etwa 2000 Fahrzeuge mit unterschiedlichen Kapazitäten, die je nach Kundenwunsch mit Teilen und Systemen anderer Hersteller ausgestattet werden können. Im Laufe seiner Geschichte hat das Unternehmen mehr als 500 Varianten von Muldenkippern und Bunkerwagen entwickelt. 2006 erfolgte die Zusammenlegung mit MoAZ in Mogilewski, einem der größten Baumaschinenhersteller Osteuropas.

Die aktuelle BELAZ-Serie 7530 ist mit 16-Zylinder-Dieselmotoren ausgerüstet, die 2300 PS leisten und 200 Liter pro Arbeitsstunde verbrauchen. Bis maximal 220 Tonnen können geladen werden.

GAZ-53 – der Viertonner aus Gorki

Im Sinne dieses Buches der »großen« sowjetischen Haubenlaster fehlt noch der GAZ-53 aus dem Gorkowski Awtomobilny Sawod, kurz GAZ. Vor 1932 und nach 1990 hieß und heißt Gorki Nischni Nowgorod, ist die viertgrößte Stadt Russlands und liegt rund 400 km östlich von Moskau an der Einmündung der Oka in die Wolga. 1930 war hier begonnen worden, eine Automobilfabrik aus dem Boden zu stampfen, die dann auch schon 1932 mit der Fertigung erster leichter Lastwagen – wieder nach amerikanischem Vorbild (Ford) – begann und sich bald zur größten russischen Automobilfabrik entwickelte. Neben den kleinen Haubenlastern bis 2,5 Tonnen Nutzlast wurde die Fabrik unter anderem durch die Fertigung des Geländewagens GAZ-69, der Wolga-Personenwagen und der Staatskarosse »Tschaika« bekannt.

Der Achtzylinder-Ottomotor mit je vier Zylindern in V-Anordnung ging auf eine ältere Konstruktion der Ford-Werke zurück.

Der GAZ-53 F

Der einzige für dieses Buch relevante Haubenlaster mit Achtzylinder-Ottomotor und bis zu vier Tonnen Nutzlast war der ab 1961 in Gorki gefertigte GAZ-53. Bis 1993 wurden über vier Millionen Exemplare des LKW in verschiedenen Varianten hergestellt und überwiegend in der Sowjetunion verteilt.

Die Modelle GAZ-53 F und GAZ-53 A waren äußerlich kaum zu unterscheiden. Der gesamte Vorderbau war vom GAZ-52 übernommen worden.

Als Entwicklungsbasis galten die leichteren Vorgängermodelle GAZ-51 und GAZ-52. Von Ersterem stammte ein nun verstärktes Fahrgestell, Letzterer stellte die Kabine zur Verfügung. Dadurch kam es, dass der GAZ-53 F, wie nun das erste neue Modell genannt wurde, optisch kaum vom leichteren GAZ-52 zu unterscheiden war, da beide die gleichen Fahrerhäuser verwendeten und die äußeren Abmessungen nur um einige Millimeter differierten.

Angetrieben wurde der Laster von einem wassergekühlten V8-Ottomotor, dessen Entwicklungsbasis sich bei Ford in Detroit wiederfindet.

In der Weiterentwicklung erhielt der GAZ-53 eine neue Frontpartie mit geändertem Kühlergrill.

Die Weiterentwicklungen

Bis 1965 hatte man die Weiterentwicklung des GAZ-53 soweit abgeschlossen, dass er nun mit dem Zusatzbuchstaben »A« weiter aus der Montagehalle rollte. Neben kleinen optischen Änderungen am Fahrerhaus war es besonders das Fahrgestell, das soweit verstärkt worden war, dass nun Nutzlasten bis fünf Tonnen möglich waren.

Im Laufe der Produktionszeit musste sich der GAZ-53 zahlreicher kleinerer und größerer Modifikationen unterziehen. 1983 wurde die letzte größere Überarbeitung, jetzt GAZ-53-12 genannt, mit neuem, sparsamerem Ottomotor vom Typ SMS-53-11 eingeführt. Er löste den GAZ-53 A im gleichen Jahr ab. Um 1986 erfolgten einige kleinere Überarbeitungen im Innenraum und an der Beleuchtung. Im Frühjahr 1993 war nach 32 Produktionsjahren Schluss.

Varianten und Kommunalfahrzeuge

Eine der wichtigsten Varianten war der GAZ-SAZ-53 B, ein Dreiseitenkipper mit 3,5 Tonnen Nutzlast, der vor allem für die Landwirtschaft entwickelt worden war.

Der GAZ-53 war als Basisfahrzeug außerdem sehr beliebt für verschiedene Aufbauten im kommunalen Bereich. So gab es mit dem Typ WPM-53 eine Unterdruck-Kehr- und Räummaschine zur Straßenreinigung mit einem Nutzfassungsvermögen des Schmutzbunkers von 1,6 m³ und einem Wasservorrat von 760 Litern.

Ab 1975 wurde das Modell ANM-53 zur Abwasserbeseitigung (Fäkalien) gebaut. Der Schmutzwassertank fasste hier 3225 Liter.

Gleich zwei Fahrzeuge entstanden auf Basis des GAZ-53 für die Müllabfuhr. Da war der Müllabfuhrwagen M-30 zur Beförderung von vollen und leeren

Der GAZ-SAZ-53 B war ein Dreiseitenkipper, den man vornehmlich für landwirtschaftliche Belange entwickelt hatte.

genormten Müllbehältern in Wohnsiedlungen. Zur Be- und Entladung der Behälter war ein hydraulisch betätigter Ladekran mit entsprechender Greiferausrüstung an Bord. Der Müll wurde durch das Umkippen der Behälter mit geöffneten Deckeln, im Greifer hängend, ausgeladen.

Weiterhin gab es von 1967 bis 1983 den Müllabfuhrwagen 53 M zur Beförderung von Hausmüll. Etwa elf Kubikmeter Müll fasste hier der Laderaum, der mit einer Presseinrichtung ausgestattet war. Maximal vier Tonnen Müll durften sich am Ende im Bunker befinden, die mittels hydraulischer Kippvorrichtung wieder entladen wurden.

WPM-53 nannte sich die Unterdruck-Kehr- und Räummaschine auf Basis des GAZ-53.

Das Fäkalienfahrzeug ANM-53 war mit seinem geringen Tankvolumen von 3225 Litern eher im ländlichen Bereich unterwegs.

Zum Be- und Entladen genormter Müllbehälter war der M-30 mit einem hydraulisch betätigten Ladekran ausgestattet.

Der Müllabfuhrwagen 53 M konnte bei sieben Kubikmeter Fassungsvermögen maximal vier Tonnen Müll einsammeln.

Drei Mal GAZ-53 A in älterer und späterer Ausführung von links nach rechts: Fäkalienfahrzeug, Fahrleitungswagen und Hochpritsche. (Foto: Stolbovsky © CC-BY-SA-3.0)

Auf GAZ-Basis entstand der KAwZ-685-Bus im sibirischen Kurgan Avtobus Zawod (Autobusfabrik Kurgan). (Foto: Ralf Weinreich)

Kult und (N)Ostalgie

Treffen sich heute, egal aus welchem Grund, in der DDR aufgewachsene Männer über 50, und ist dabei vielleicht auch etwas Alkohol im Spiel, so ist es praktisch unvermeidbar, dass nicht irgendwann das Thema Wehrdienst in der NVA aufkommt. Es ist wie ein Zwang, dass auch nach 40 oder 50 Jahren, dieses Thema emotional so bewegt, dass diese Männer ihre Geschichten erzählen müssen, auch wenn es immer wieder die gleichen sind. Der Dienst in der Nationalen Volksarmee hat Charaktere beeinflusst, Menschen verändert, positiv wie negativ. Das Erlebte (und das dazu Gedichtete) hat sich festgesetzt, bis heute und muss immer mal wieder raus (siehe hierzu auch das Vorwort).

(Foto: Ralf Weinreich)

Männerspielzeug I

Und nimmt man dazu das meist (nicht ausschließlich) männliche Interesse an schwerer (Militär) Technik, unter anderem in Form großer Lastkraftwagen, kommt man schnell hinter die Gründe, warum die großen Haubenlaster aus Sowjetzeiten heute noch eine so große Faszination auf viele Menschen ausüben. Ohne ZIL, Ural und Co wäre die Existenz einer schlagkräftigen Armee in der DDR, ja im gesamten Ostblock, nahezu undenkbar gewesen. Viele Zeitgenossen sind während ihrer Dienstzeit diese

Ein Ural-375 D mit blankem Fahrgestell am berühmt-berüchtigten Schlammloch von Pütnitz. (Foto: Triple-green © CC-BY-SA-2.0)

Ein ZIL-131 mit Kofferaufbau aus den ehemaligen Beständen der NVA auf einem Militärfahrzeugtreffen. (Foto: Uralaz © CC-BY-SA-3.0)

KrAZ-257 neben einer »Anna« (Antonov AN-2) auf dem legendären Militärtreffen in Pütnitz. (Foto: Ralf Weinreich)

Ein weiterer KrAZ-257 auf einem Oldtimertreffen in Sachsen-Anhalt. Bei den heutigen Benzin- und Dieselpreisen werden die Anreisen inzwischen zu einer kostspieligen Angelegenheit.

Fahrzeuge gefahren, haben vielleicht sogar den LKW-Führerschein während der Armeezeit gemacht. Natürlich waren, wie im Buch geschildert, auch viele dieser Fahrzeuge im zivilen Sektor unterwegs. Aber wie auch immer: Aus dem Zusammenspiel der zwei Interessensbereiche historische Militärtechnik und historische Kraftfahrzeuge (eventuell noch gepaart mit dem selbst Erlebten) ergibt sich eine große Gemeinschaft von Interessierten an den in diesem Buch vorgestellten Nutzfahrzeugen.

Und dass es noch sehr viele altgediente sowjetische Lastwagen in privatem wie gemeinschaftlichem Besitz, zum Beispiel in Vereinen, vorrangig in den ostdeutschen Bundesländern, gibt, kann man an vielen Wochenenden im Jahr bei Militär-, Blaulicht- oder Ostfahrzeugtreffen sehen. Fahrzeuge, die nach der politischen Wende aus dem Bestand der NVA aussortiert oder von sowjetischen Soldaten nach deren Abzug einfach zurückgelassen worden waren, haben bei findigen Leuten – wie auch immer – Aufnahme gefunden. Sie werden bis heute gepflegt und wieder gezeigt, gestiegene Spritkosten hin oder her. Und die besagten Treffen – allen voran das Ostfahrzeugtreffen in Pütnitz – werden von Besucherscharen heimgesucht. Darunter sehr viele Männer über 50, die ihren Enkelkindern von ihren früheren großen Taten erzählen.

Und wer das Abenteuer, einen solchen Koloss noch einmal oder überhaupt einmal zu fahren, erleben möchte, der kann sich bei einem der Anbieter (z.B. www.einmalige-erlebnisse.de) einen Termin reservieren lassen. Von normaler Straße bis schweres Gelände – hier etwa mit dem Ural 375 D mit Allradantrieb – ist alles möglich.

Bestens restaurierter SIL-157 mit Kofferaufbau auf einem Oldtimertreffen. (Ralf Weinreich)

Männerspielzeug II

Modellautos übten schon immer – nicht nur bei Kindern – eine große Faszination aus. Ob als Fertigmodell oder Bausatz, das Geschäft boomt und wartet jährlich mit Zuwachsraten auf, von denen andere Branchen nur träumen können. Und das liegt längst nicht mehr am Kinderspielzeug, sondern an der Sammelleidenschaft und Bastelfreude von Erwachsenen – wieder hauptsächlich von Männern. Und die können – was die in diesem Buch vorgestellten Fahrzeuge betrifft – aus dem Vollen schöpfen. Vom ZIL bis zum BelAZ und auch von deren Vorgängertypen gibt es Fertigmodelle und Bausätze in riesigen Mengen, Qualitäten und Preisen. Vor allem bei den Bausätzen fällt auf, mit wie vielen Aufbauvarianten und Typabwandlungen diese geliefert werden können. Wer ein Fan der sowjetischen Großhauber und dazu noch Modellbauer ist, kann zum Beispiel auf den gängigen Internetplattformen aus Dutzenden Angeboten auswählen, muss aber auch in Kauf nehmen, dass die Lieferung eventuell – mit entsprechenden Kosten verbunden – aus Polen, der Ukraine oder gar aus Russland kommt.

Im Museum

Modellversionen der sowjetischen Großlaster finden sich auch in Museen wieder, viel interessanter sind da aber doch die echten und originalen Fahrzeuge. Und die trifft man – trotz des enormen Platzverbrauchs auch in einigen deutschen Museen. Zum Beispiel im Automobilmuseum Fichtelberg, im Museum für Zivil- und Wehrtechnik in Uffenheim, im Technikmuseum Pütnitz, im DDR-Museum in Dargen oder – noch nördlicher – im NVA-Museum Prora.

Fristen ein eher trauriges Dasein: Zwei Ual-375 D auf dem Freigelände des Automobilmuseums Fichtelberg.

Sieht auch nicht viel besser aus: Die berühmte Schneefräse D-902 am Ural-375 E im Luftfahrttechnischen Museum Rothenburg. (Foto: Druschba 4 © CC-BY-SA-4.0)

Im Freigelände des Militärhistorischen Museums Flugplatz Berlin-Gatow ist dieser Ural-375 A mit der Radarstation Typ 03B15 zu sehen.

Ein KrAZ-256 B1, untergestellt im DDR-Museum Dargen auf der Insel Usedom.

Auf dem Freigelände des gleichen Museums steht dieser KrAZ-257 mit aufmontiertem Mobilkran.

Technische Daten

Technische Daten ZIS und ZIL

Typ	ZIS/ZIL-150	ZIS/ZIL 151	ZIL-164	ZIL-164 A	ZIL-157
Bauart	**Hauben-LKW, 4 x 2**	**Hauben-LKW, 6 x 6**	**Hauben-LKW, 4 x 2**	**Hauben-LKW, 4 x 2**	**Hauben-LKW, 6 x 6**
Motor					
Typ	ZIS 120	ZIS 121	ZIL 164	ZIL 164	ZIL-157
Arbeitsweise	flüssigkeitsgekühlter Viertakt-Otto-Motor				
Zylinderzahl/Anordnung	6/Reihe	6/Reihe	6/Reihe	6/Reihe	6/Reihe
Bohrung/Hub (mm)	101,6/114,3	101,6/114,3	101,6/114,3	101,6/114,3	101,6/114,3
Hubraum (cm³)	5550	5550	5550	5550	5550
Verdichtung	6,0:1	6,0:1	6,2:1	6,2:1	6,4:1
Leistung (PS bei U/min)	90/2700	92/2600	97/2600	100/2700	104/2600
Drehmoment (Nm bei U/min)	299/1150	304/1150	324/1100	324/1150	334/1250
Kraftübertragung					
Antrieb	Hinterachse	Allrad	Hinterachse	Hinterachse	Allrad
Kupplung	Zweischeiben-Trockenkupplung	Einscheiben-Trockenkupplung	Zweischeiben-Trockenkupplung	Zweischeiben-Trockenkupplung	Einscheiben-Trockenkupplung
Gangzahl vor/rück	5/1	2 x 4/1	5/1	5/1	2 x 5/1
Fahrwerk					
Rahmen	Leiterrahmen	Leiterrahmen	Leiterrahmen	Leiterrahmen	Leiterrahmen
Achsen vorn/hinten	Starrachsen	Starrachsen	Starrachsen	Starrachsen	Starrachsen
Federung vorn/hinten	Blattfedern	Blattfedern	Blattfedern	Blattfedern	Blattfedern
Bereifung vorn/hinten	9.00-20	8.25-20	9.00-20	9.00-20	8.25-20
Allgemeine Daten					
Länge/Breite/Höhe (mm)	6720/2385/2180	6930/2320/2740	6700/2470/2180	6700/2470/2180	6684/2315/2115
Radstand (mm)	4000	3665 + 1120	4000	4000	3665 + 1120
Spurweite vorn/hinten (mm)	1700/1740	1590/1720	1700/1740	1700/1740	1750/1755
Bodenfreiheit (mm)	265	k. A.	265	265	310
Leermasse (kg)	3900	5600	4100	4100	5450
Nutzmasse (kg)	4000	4500	4000	4000	4500
Tankinhalt (l)	150	300	150	150	215
V max. (km/h)	65	60	75	78	65
Verbrauch je 100 km (l)	40	50	40	40	50
Bauzeit	1946-1957	1947-1958	1957-1961	1961-1965	1957-1961

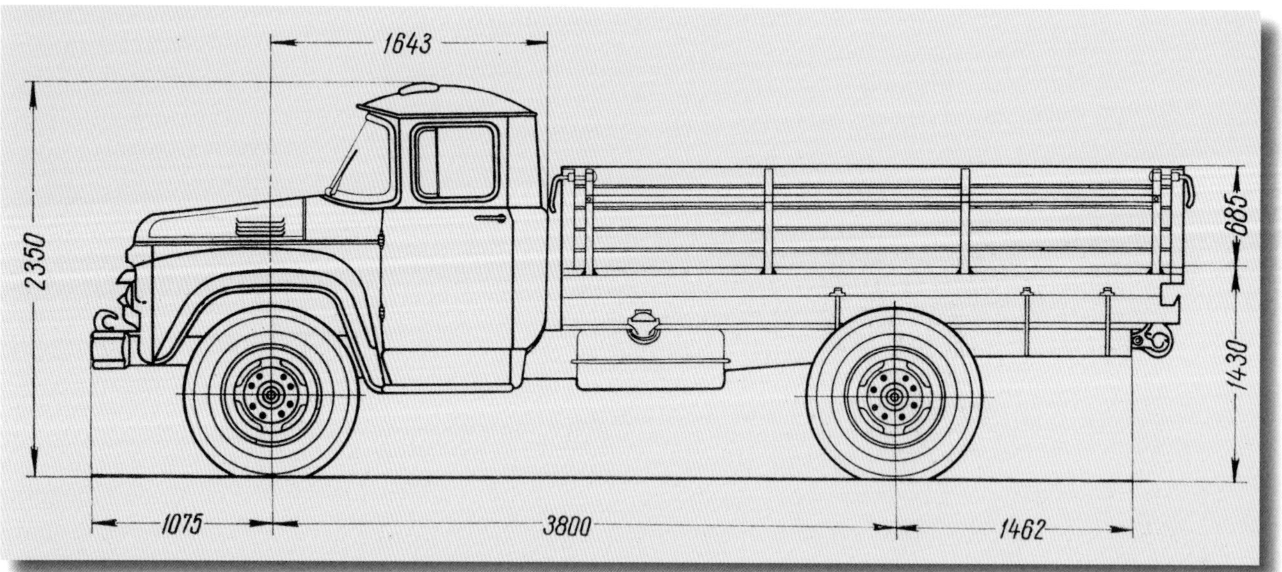

Die Maße des ZIL-130 in der Ausführung mit Pritsche.

Technische Daten ZIL

Typ	ZIL-157 K(D)	ZIL-130 (G)	ZIL-131	ZIL-135	ZIL-133 Gja
Bauart	**Hauben-LKW, 6 x 6**	**Hauben-LKW, 4 x 2**	**Hauben-LKW, 6 x 6**	**Frontlenker, 8 x 8**	**Hauben-LKW, 6 x 4**
Motor					
Typ	ZIL-157 KD	ZIL-130	ZIL-130	2 x ZIL-375 Ja	KamAZ-740
Arbeitsweise	flüssigkeitsgekühlter Viertakt-Otto-Motor				Viertakt-Diesel
Zylinderzahl/Anordnung	6/Reihe	8/V	8/V	2 x 8/V	8/V
Bohrung/Hub (mm)	100/114,3	95/100	95/100	108/95	120 x 120
Hubraum (cm³)	5380	5969	5969	2 x 6962	10850
Verdichtung	6,5:1	6,5:1	6,5:1	6,5:1	17:01
Leistung (PS bei U/min)	110/2800	150/3200	150/3200	180/3200	210/2600
Drehmoment (Nm bei U/min)	3400/1200	402/1900	402/1900	2 x 471/1800	637/1550
Kraftübertragung					
Antrieb	Allrad	Hinterachse	Allrad	Allrad	Hinterachsen
Kupplung	Einscheiben-Trockenkupplung	Einscheiben-Trockenkupplung	Einscheiben-Trockenkupplung	Zweischeiben-Trockenkupplung	Zweischeiben-Trockenkupplung
Gangzahl vor/rück	3 x 5/1	2 x 5/1	3 x 5/1	2 x 5/1	2 x 5/1
Fahrwerk					
Rahmen	Leiterrahmen	Leiterrahmen	Leiterrahmen	k. A.	Leiterrahmen
Achsen vorn/hinten	Starrachsen	Starrachsen	Starrachsen	k. A.	Starrachsen
Federung vorn/hinten	Blattfedern	Blattfedern	Blattfedern	k. A.	Blattfedern
Bereifung vorn/hinten	12.00-18 ND	260-20	12.00-20 HD	16.00-20 ND	10.00-20
Allgemeine Daten					
Länge/Breite/Höhe (mm)	6484/2315/2360	6675/2400/2500	6900/2500/2975	9270/2800/2530	9040/2500/3358
Radstand (mm)	4225 + 1120	3800 (4500)	3350+1250	2400 + 1500 + 2400	4610 + 1400
Spurweite vorn/hinten (mm)	1750/1755	1800/1790	1820/1820	4 x 2300	1840/1848
Bodenfreiheit (mm)	310	270	330	475	234
Leermasse (kg)	5500	4300	6500	10500	7600
Nutzmasse (kg)	4500	6000	5200	9000	10200
Tankinhalt (l)	215	170	2 x 170	410	170
V max. (km/h)	65	90	80	65	85
Verbrauch je 100 km (l)	50	35	65	120-150	27
Bauzeit	1961-1994	1962-1994	1966-2010	1966-1993	ab 1977

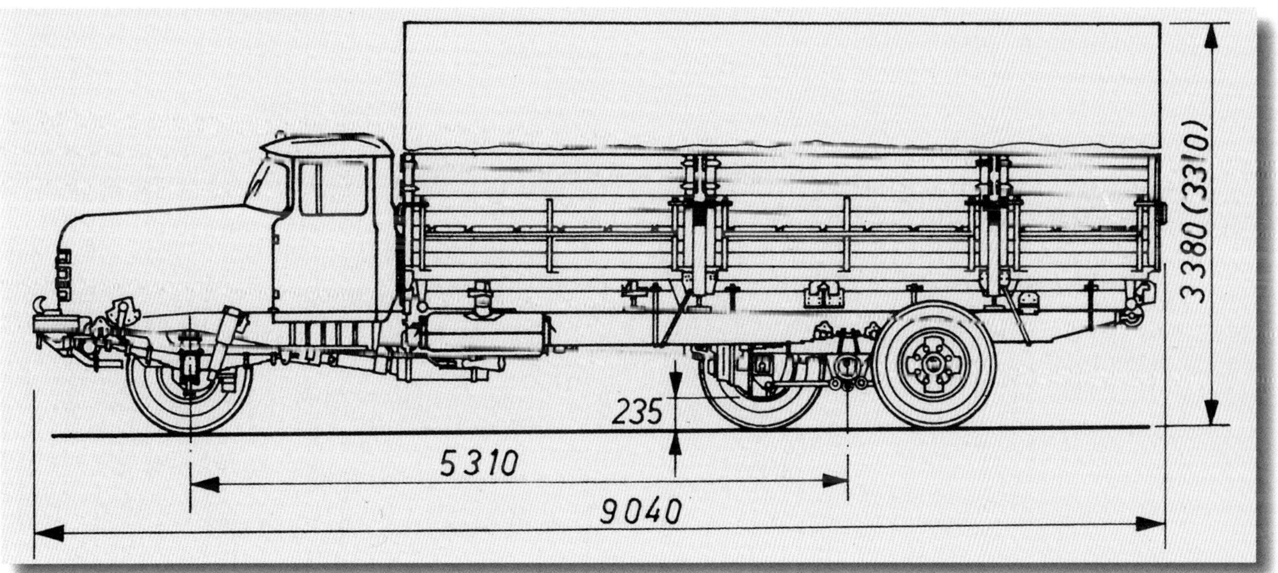

Maßzeichnung des ZIL-133 Gja.

Technische Daten Ural

Typ	Ural-ZIS-5	UralZIS-355 W	UralZIS-355 M	Ural-375 D
Bauart	**Hauben-LKW, 4 x 2**	**Hauben-LKW, 4 x 2**	**Hauben-LKW, 4 x 2**	**Hauben-LKW, 6 x 6**
Motor				
Typ	ZIS-5	Ural-355	UralZIL-353 A	ZIL-375
Arbeitsweise	flüssigkeitsgekühlter Viertakt-Otto-Motor			
Zylinderzahl/Anordnung	6/Reihe	6/Reihe	6/Reihe	8/V
Bohrung/Hub (mm)	k. A.	k. A.	k. A.	108/95
Hubraum (cm³)	5555	5555	5550	6959
Verdichtung	4,6-5,7:1	5,7:1	6:1	6,5:1
Leistung (PS bei U/min)	73-85/k. A.	95/k. A.	95/k. A.	180/3200
Drehmoment (Nm bei U/min)	k. A.	k. A.	309/k. A.	466/1800
Kraftübertragung				
Antrieb	Hinterachse	Hinterachse	Hinterachse	Allrad
Kupplung	Zweischeiben-Trockenkupplung	Zweischeiben-Trockenkupplung	Zweischeiben-Trockenkupplung	Zweischeiben-Trockenkupplung
Gangzahl vor/rück	4/1	4/1	4/1	2 x 5/1
Fahrwerk				
Rahmen	Leiterrahmen	Leiterrahmen	Leiterrahmen	k. A.
Achsen vorn/hinten	Starrachsen	Starrachsen	Starrachsen	k. A.
Federung vorn/hinten	Blattfedern	Blattfedern	Blattfedern	halbeliptische Längsfedern
Bereifung vorn/hinten	k. A.	k. A.	8,25-20	14.00-20 ND
Allgemeine Daten				
Länge/Breite/Höhe (mm)	6060/2235/2160	6060/2235/2160	6290/2280/2080	7350/2690/2680
Radstand (mm)	3810	3810	3824	3500 + 1400
Spurweite vorn/hinten (mm)	1545/1675	1545/1675	1611/1675	2000/2000
Bodenfreiheit (mm)	250	250	262	400
Leermasse (kg)	3000	3000	3360	8400
Nutzmasse (kg)	3100	3100	3500	5000
Tankinhalt (l)	k. A.	k. A.	110	300
V max. (km/h)	60	65	70	75
Verbrauch je 100 km (l)	34	35	24-45	45-75
Bauzeit	1944-1955	1957-1958	1957-1965	1964-1993
Stückzahl	ca. 200.000 (1944-1958)	ca. 200.000 (1944-1958)	192.580	k. A.

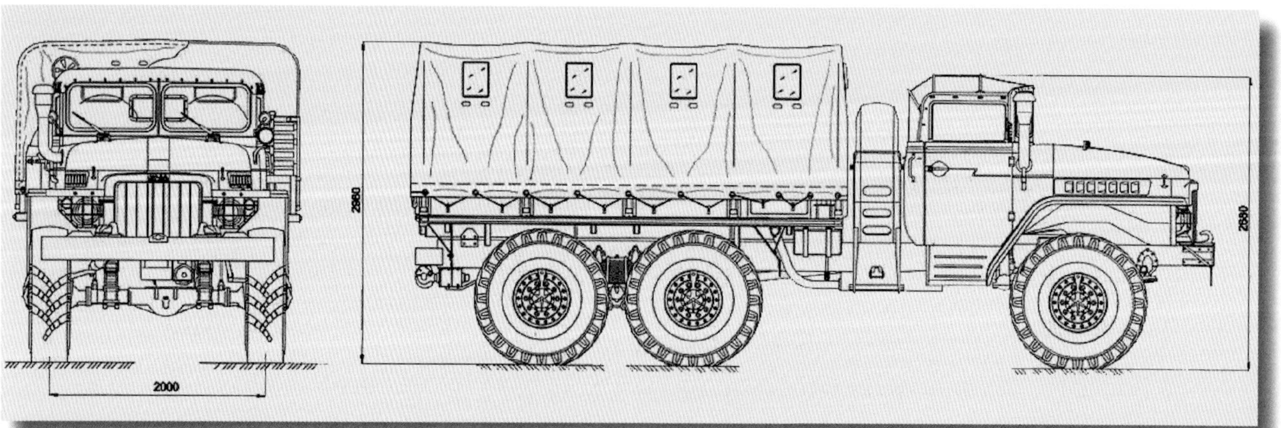

Die Maße des Ural-375.

Technische Daten Ural

Typ	Ural-377 S	Ural-4420	Ural-44202	Ural-5557
Bauart	**Sattelschlepper, 6 x 4**	**Hauben-LKW, 6 x 6**	**Sattelschlepper, 6 x 6**	**Hauben-Kipper, 6 x 6**
Motor				
Typ	ZIL-375	KamAZ-740	KamAZ-740	KamAZ-740
Arbeitsweise	flüssigkeitsgekühlter Viertakt-Otto-Motor	flüssigkeitsgekühlter Viertakt-Diesel-Motor		
Zylinderzahl/Anordnung	8/V	8/V	8/V	8/V
Bohrung/Hub (mm)	108/95	105/128	105/128	105/128
Hubraum (cm³)	6959	6650	6650	6650
Verdichtung	6,5:1	k. A.	k. A.	k. A.
Leistung (PS bei U/min)	180/3200	206/2600	206/2600	206/2600
Drehmoment (Nm bei U/min)	466/1800	639/1800	639/1800	639/1800
Kraftübertragung				
Antrieb	Hinterachse	Allrad	Allrad	Allrad
Kupplung	Zweischeiben-Trocken-kupplung	Zweischeiben-Trocken-kupplung	Zweischeiben-Trocken-kupplung	Zweischeiben-Trocken-kupplung
Gangzahl vor/rück	2 x 5/1	2 x 5/1	2 x 5/1	2 x 5/1
Fahrwerk				
Rahmen	k. A.	k. A	Leiterrahmen	k. A.
Achsen vorn/hinten	k. A.	k. A.	Starrachsen	k. A.
Federung vorn/hinten	halbeliptische Längsfedern			
Bereifung vorn/hinten	14.00-20 ND	14.00-20 ND	14.00-20 ND	14.00-20 ND
Allgemeine Daten				
Länge/Breite/Höhe (mm)	6950/2500/2620	7143/2500/2740	7143/2500/2740	7350/2690/2680
Radstand (mm)	3500 + 1400	3525 + 1400	3525 + 1400	3500 + 1400
Spurweite vorn/hinten (mm)	2000/2000	k. A.	k. A.	k. A.
Bodenfreiheit (mm)	320	400	320	400
Leermasse (kg)	6830	8540	k. A.	10625
Nutzmasse (kg)	7500 (Sattellast)	5000	11000 (Sattellast)	max 10000
Tankinhalt (l)	300 + 60	210 + 60	210 + 60	210 + 60
V max. (km/h)	65	85	80	80
Verbrauch je 100 km (l)	58	55	k. A.	36-55
Bauzeit	1965-1983	seit 1977	seit 1980	seit 1984
Stückzahl	2.300	k. A.	k. A.	k. A.

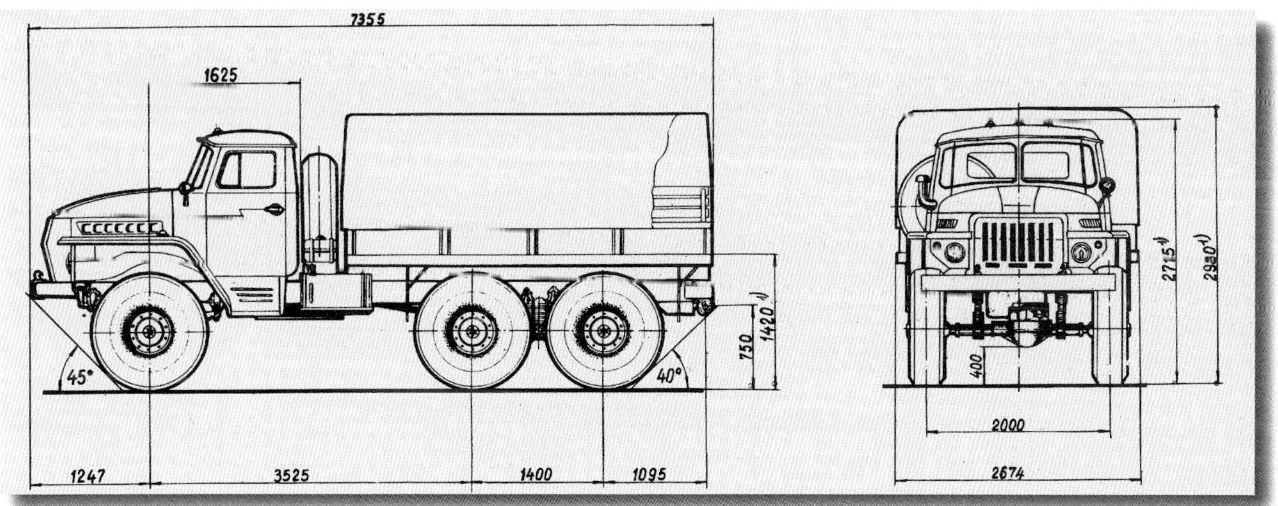

Die Maße des Ural-4320.

Technische Daten JaAZ und KrAZ

Typ	JaAZ-210	KrAZ-219	KrAZ-214	KrAZ-257	KrAZ-256 B
Bauart	**Hauben-LKW, 6 x 4**	**Hauben-LKW, 6 x 4**	**Hauben-LKW, 6 x 6**	**Hauben-LKW, 6 x 4**	**Hauben-LKW, Kipper, 6 x 4**
Motor					
Typ	JaAZ-206	JaAZ-206 A	JaAZ-206 B	JaMZ-238	JaMZ-238 A
Arbeitsweise	flüssigkeitsgekühlter Zweitakt-Diesel-Motor			flüssigkeitsgekühlter Viertakt-Diesel-Motor	
Zylinderzahl/Anordnung	6/Reihe	6/Reihe	6/Reihe	8/V	8/V
Bohrung/Hub (mm)	108/127	108/127	108/127	130/140	101,6/114,3
Hubraum (cm³)	6970	6970	6970	14860	14860
Verdichtung	16,0:1	16,0:1	17,0:1	16,5:1	16,5:1
Leistung (PS bei U/min)	165/2000	180/2000	205/2000	240/2800	240/2800
Drehmoment (Nm bei U/min)	692/ k. A.	706/ k. A.	686/1300	883/1500	883/1500
Kraftübertragung					
Antrieb	Hinterachsen	Hinterachsen	Allrad	Hinterachsen	Hinterachsen
Kupplung	Einscheiben-Trockenkupplung	Einscheiben-Trockenkupplung	Einscheiben-Trockenkupplung	Zweischeiben-Trockenkupplung	Zweischeiben-Trockenkupplung
Gangzahl vor/rück	5/1	5/1	2 x 5/1	2 x 5/1	2 x 5/1
Fahrwerk					
Rahmen	Leiterrahmen	Leiterrahmen	Leiterrahmen	Leiterrahmen	Leiterrahmen
Achsen vorn/hinten	k. A.	k. A.	Starrachsen	Starrachsen	Starrachsen
Federung vorn/hinten	Blattfedern	Blattfedern	Blattfedern	Blattfedern	Blattfedern
Bereifung vorn/hinten	12,0-20	12,0-20	15,0-20 ND	12,0-20	12,0-20
Allgemeine Daten					
Länge/Breite/Höhe (mm)	9660/2650/2575	9660/2650/2620	8530/2700/2880	9660/2650/2620	8150/2640/27920
Radstand (mm)	5050 + 1400	5050 + 1400	4600 + 1400	5150 + 1400	4180 + 1400
Spurweite vorn/hinten (mm)	1950/1920	1950/1920	2030/2030	1950/1920	1970/1920
Bodenfreiheit (mm)	290	290	360	290	290
Leermasse (kg)	11300	11300	12300	11130	10850
Nutzmasse (kg)	12000	12000	7000	12000	12000
Tankinhalt (l)	2 x 225	2 x 225	2 x 225	2 x 165	225
V max. (km/h)	55	60	55	70	68
Verbrauch je 100 km (l)	60	55	70	36	38
Bauzeit	1951-1958	1957-1965	1957-1967	1965-1995	1966-1994
Stückzahl	10.934	15.549	k. A.	k. A.	k. A.

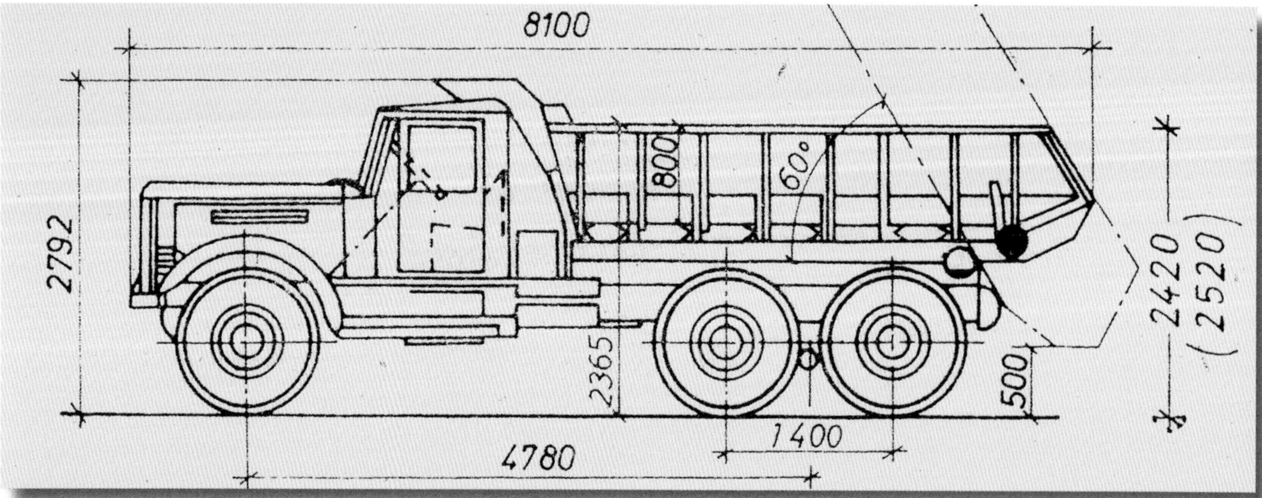

Die Maße des KrAZ-256.

Technische Daten KrAZ

Typ	KrAZ-255 B	KrAZ-258	KrAZ-250	KrAZ-260
Bauart	**Hauben-LKW, 6 x 6**	**Hauben-LKW, Sattelschlepper 6 x 4**	**Hauben-LKW, 6 x 4**	**Hauben-LKW, 6 x 6**
Motor				
Typ	JaMZ-238 A	JaMZ-238 A	JaMZ-238 M2	JaMZ-238 V
Arbeitsweise	flüssigkeitsgekühlter Viertakt-Diesel-Motor			
Zylinderzahl/Anordnung	8/V	8/V	8/V	8/V
Bohrung/Hub (mm)	130/140	130/140	130/140	130/140
Hubraum (cm³)	14860	14860	14860	14860
Verdichtung	16,5:1	16,5:1	17,0:1	k. A.
Leistung (PS bei U/min)	240/2800	240/2100	240/2100	300/2100
Drehmoment (Nm bei U/min)	883/1500	883/1500	883/1500	1059/1500
Kraftübertragung				
Antrieb	Allrad	Hinterachsen	Hinterachsen	Allrad
Kupplung	Zweischeiben-Trocken-kupplung	Zweischeiben-Trocken-kupplung	Zweischeiben-Trocken-kupplung	Zweischeiben-Trocken-kupplung
Gangzahl vor/rück	2 x 5/1	2 x 5/1	2 x 5/1	8/1
Fahrwerk				
Rahmen	Leiterrahmen	Leiterrahmen	Leiterrahmen	Leiterrahmen
Achsen vorn/hinten	Starrachsen	Starrachsen	Starrachsen	Starrachsen
Federung vorn/hinten	Blattfedern	Blattfedern	Blattfedern	Blattfedern
Bereifung vorn/hinten	1300 x 530 x 533	12.00 20	11.00 R 20	300 x 530 x 533
Allgemeine Daten				
Länge/Breite/Höhe (mm)	8645/2750/2940	7375/2630/2620	9670/2500/2720	9030/2722/3230
Radstand (mm)	4600 + 1400	4780 + 1400	4880 + 1400	4600 + 1400
Spurweite vorn/hinten (mm)	2160/2160	1960/1920	1970/1830	2160/2160
Bodenfreiheit (mm)	360	290	270	370
Leermasse (kg)	11950	9680	10400	12830
Nutzmasse (kg)	7500	12000	13300	9000
Tankinhalt (l)	2 x 165	2 x 165	2 x 165	2 x 165
V max. (km/h)	71	68	80	80
Verbrauch je 100 km (l)	40 - 75	50 - 65	35	55
Bauzeit	1967-1994	1966-1989	1978-1992	1979-1993

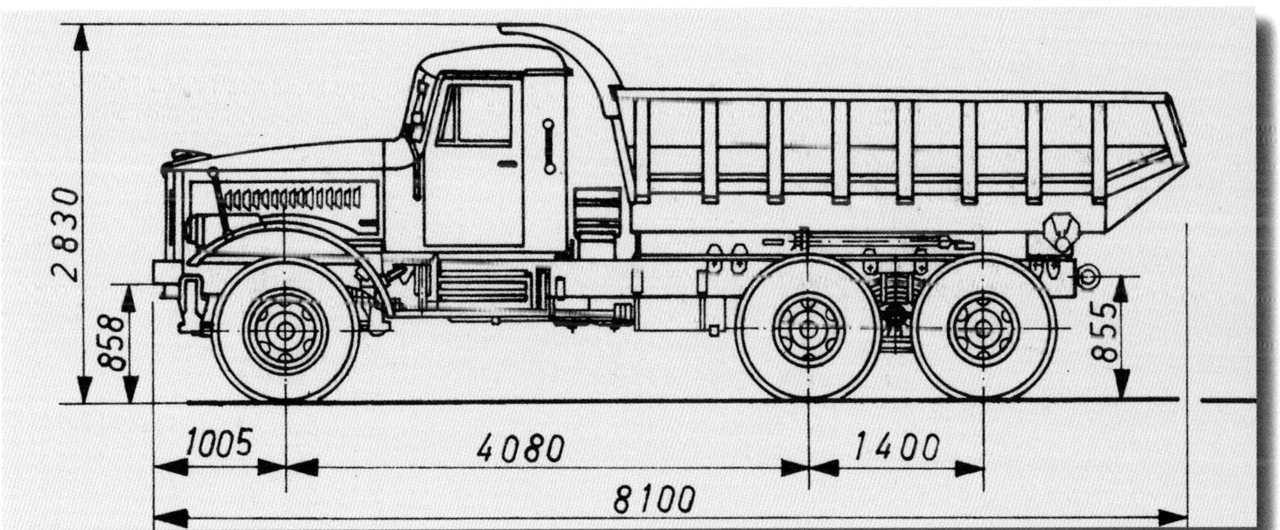

Die Maße des KrAZ-256 B1.

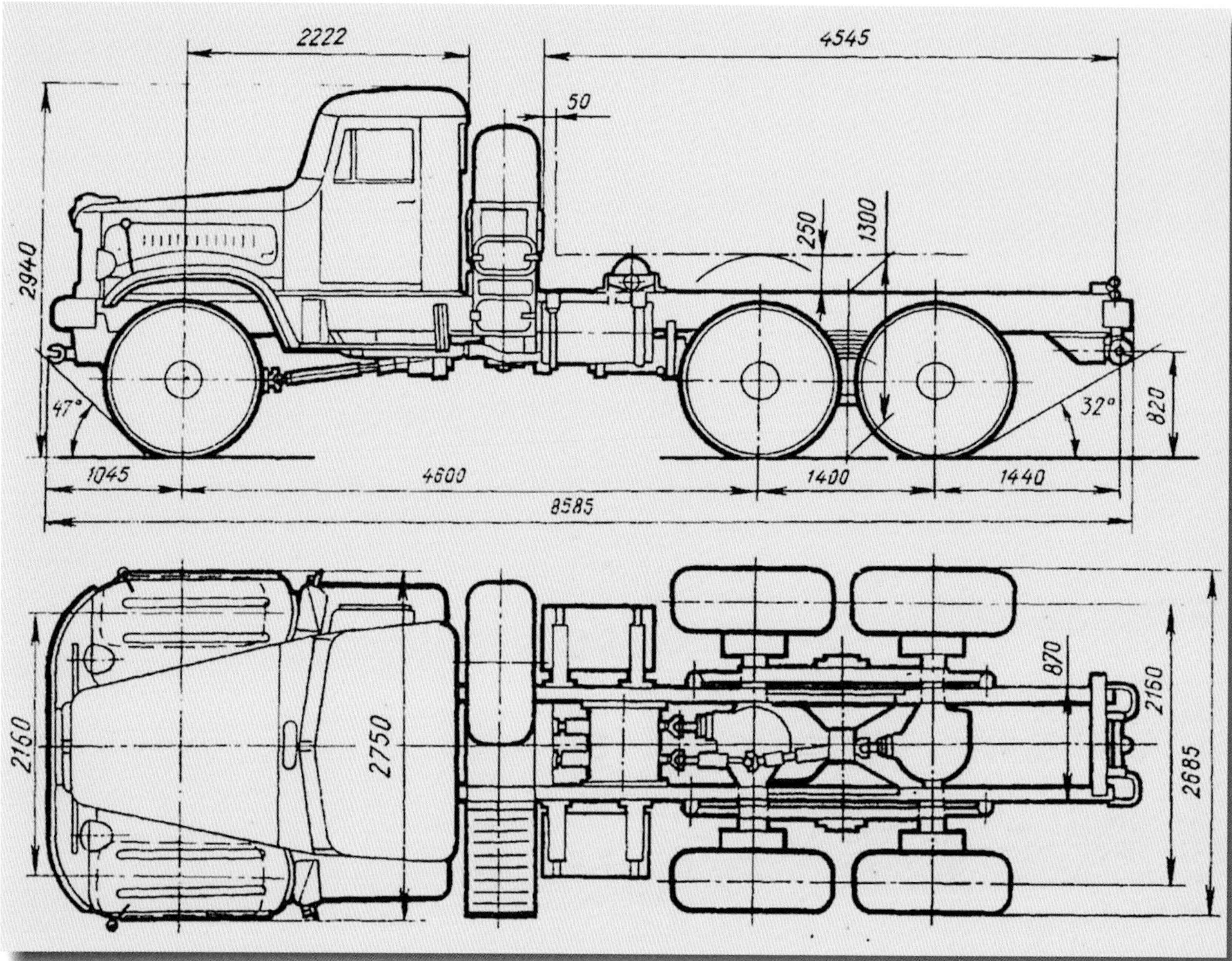

Die Maße des KrAZ-255 B-4.

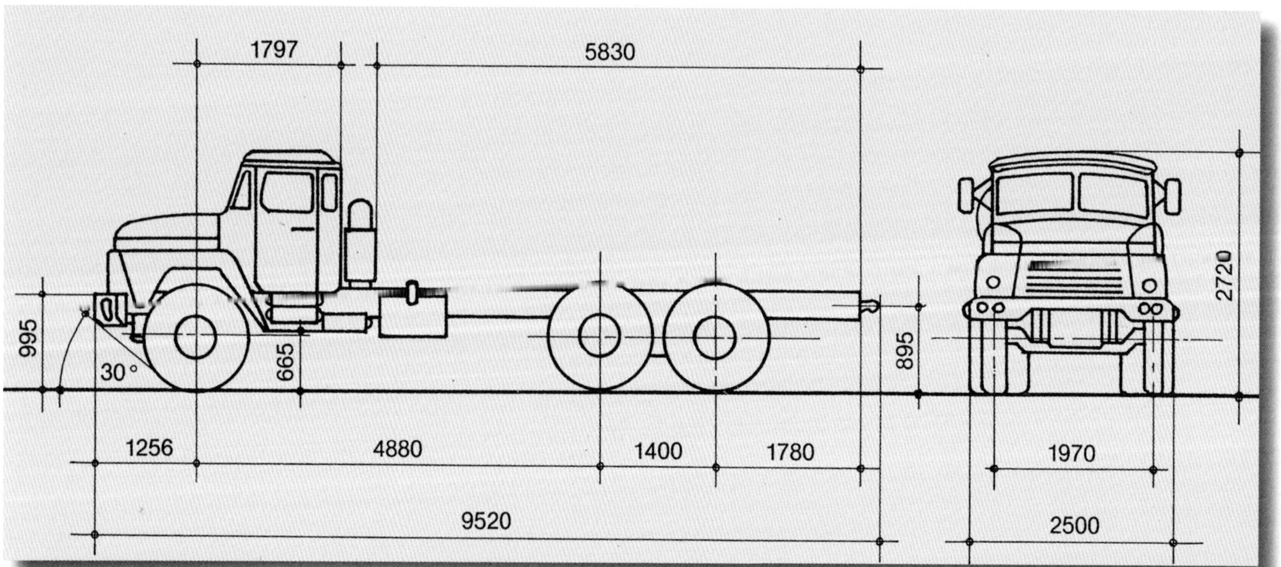

Die Maße des KrAZ-250.

Technische Daten JaAZ und MAZ

Typ	JaAZ-200/ MAZ-200	MAZ-502	MAZ-525	MAZ-530
Bauart	**Hauben-LKW, 4 x 2**	**Hauben-LKW, 4 x 4**	**Hauben-LKW, Großkipper 4 x 2**	**Hauben-LKW, Großkipper 6 x 4**
Motor				
Typ	JaAZ-204 A	MAZ-M204W	DA-12 A	DA-12 A-450
Arbeitsweise	flüssigkeitsgekühlter Zweitakt-Diesel-Motor		flüssigkeitsgekühlter Viertakt-Diesel-Motor	
Zylinderzahl/Anordnung	4/Reihe	4/Reihe	12/V	12/V
Bohrung/Hub (mm)	127/108	127/108	150/180 + 186,6	150/180 + 186,6
Hubraum (cm³)	4650	4650	38800	38800
Verdichtung	17:1	17:1	15:1	15:1
Leistung (PS bei U/min)	120/2000	135/2000	300/1600	450/1800
Drehmoment (Nm bei U/min)	461/1300	500/1300	1540/1150	2040/1150
Kraftübertragung				
Antrieb	Hinterräder	Allrad	Hinterräder	Hinterachsen
Kupplung	Einscheiben-Trockenkupplung	Einscheiben-Trockenkupplung	Zweischeiben-Trockenkupplung	Zweischeiben-Trockenkupplung
Gangzahl vor/rück	5/1	2 x 5/1	4/1	4/1
Fahrwerk				
Rahmen	Leiterrahmen	Leiterrahmen	Doppel-T-Träger	Doppel-T-Träger
Achsen vorn/hinten	Starrachsen	Starrachsen	Starrachsen	Starrachsen
Federung vorn/hinten	Blattfedern	Blattfedern	Blattfedern/keine	Blattfedern/keine
Bereifung vorn/hinten	12.00-20	15.00-20	17 x 32	18 x 32
Allgemeine Daten				
Länge/Breite/Höhe (mm)	7620/2650/2430	7150/2700/3025	8300/3220/3620	10520/3460/3670
Radstand (mm)	4520	4520	4780	3900 + 2000
Spurweite vorn/hinten (mm)	1950/1920	2030	2500/2200	2620/2400
Bodenfreiheit (mm)	290	350	460	460
Leermasse (kg)	6400	7700	22000	38400
Nutzmasse (kg)	7000	4000	25000	40000
Tankinhalt (l)	225	2 x 225	400	600
V max. (km/h)	65	52	30	42
Verbrauch je 100 km (l)	32 (bei 40 km/h)	45 (bei 40 km/h)	170	200
Bauzeit	1947-1966	1957-1966	1951-1965	1957-1963

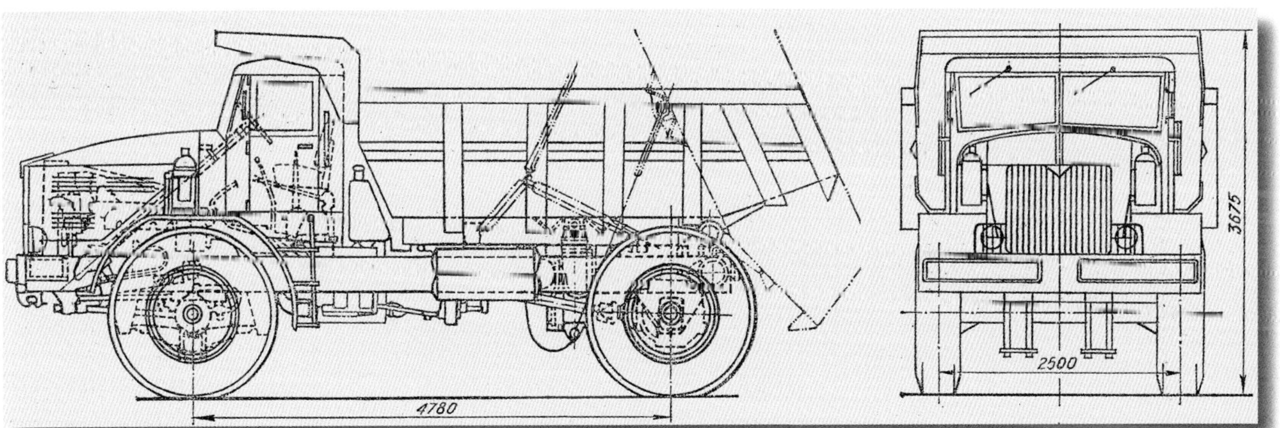

Die Maße des MAZ-525.

Technische Daten BelAZ

Typ	BelAZ-540 A	BelAZ-548 A	BelAZ-7522	BelAZ-7523
Bauart	**Hauben-LKW, Großkipper 4 x 2**	**Hauben-LKW, Großkipper 4 x 2**	**Hauben-LKW, Großkipper 4 x 2**	**Hauben-LKW, Großkipper 4 x 2**
Motor				
Typ	JaMZ-240	JaMZ-240N1B	JaMZ-240 M2	JaMZ-240 NM2
Arbeitsweise	flüssigkeitsgekühlter Viertakt-Diesel-Motor			
Zylinderzahl/Anordnung	12/V	12/V	12/V	12/V
Bohrung/Hub (mm)	130/140	130/140	130/140	130/140
Hubraum (cm³)	22300	22300	22300	22300
Verdichtung	15:1	15:1	15:1	15:1
Leistung (PS bei U/min)	380/1650	500/2100	360/2100	500/2100
Drehmoment (Nm bei U/min)	1667/1100	1920/1600	1275/1600	1766/1600
Kraftübertragung				
Antrieb	Hinterräder	Hinterräder	Hinterräder	Hinterachsen
Kupplung	Zweischeiben-Trocken-kupplung	Einscheiben-Trockenkup-plung	Zweischeiben-Trocken-kupplung	Zweischeiben-Trocken-kupplung
Gangzahl vor/rück	3/1-Automatik	3/1-Automatik	3/1-Automatik	3/1-Automatik
Fahrwerk				
Rahmen	Doppel-T-Träger	Doppel-T-Träger	Doppel-T-Träger	Doppel-T-Träger
Achsen vorn/hinten	Starrachsen	Starrachsen	Starrachsen	Starrachsen
Federung vorn/hinten	hydropneumatisch	hydropneumatisch	hydropneumatisch	Blattfedern/keine
Bereifung vorn/hinten	18.00-25	21.00-33	18.00-25	21.00-33
Allgemeine Daten				
Länge/Breite/Höhe (mm)	7180/3480/3415	8120/3787/3800	7133/3500/3500	8120/3787/3910
Radstand (mm)	3550	4200	3550	4200
Spurweite vorn/hinten (mm)	2800/2400	2800/2537	2820/2400	2800/2537
Bodenfreiheit (mm)	475	540	475	540
Leermasse (kg)	21000	29480	21525	29480
Nutzmasse (kg)	30000	42000	30000	42000
Tankinhalt (l)	400	610	400	610
V max. (km/h)	50	50	50	50
Verbrauch je 100 km (l)	125	124	98,5	124
Bauzeit	1967-1985	1967-1985	ab 1985	ab 1985

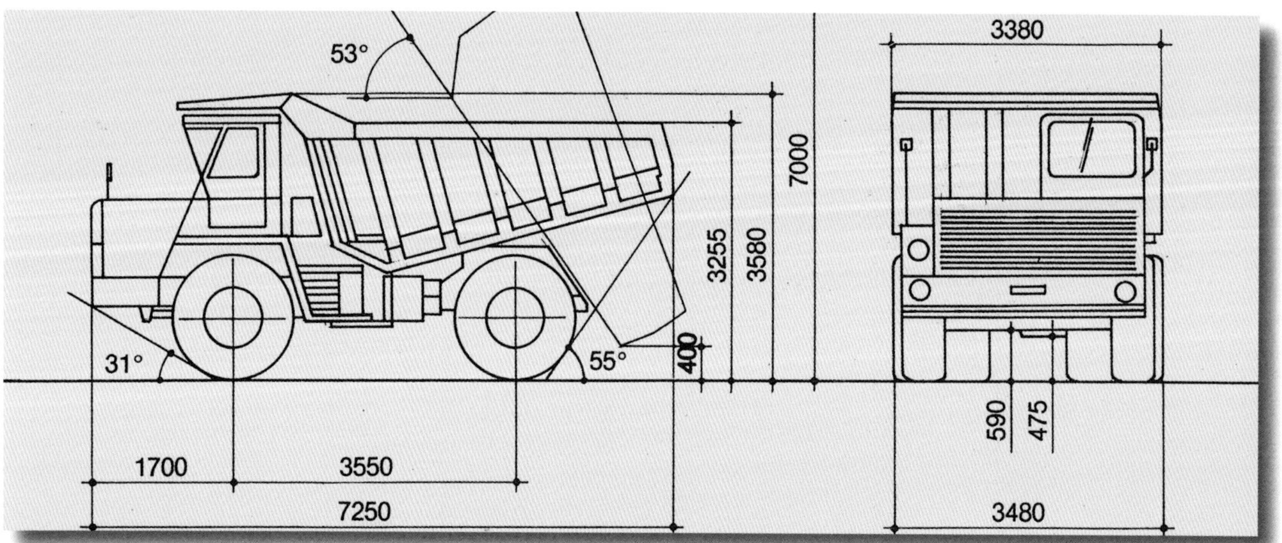

Die Maße des BelAZ-540 A.

22-49 мбв
72-26 мбг

Typ	GAZ-53 A
Bauart	**Hauben-LKW, 4 x 2**
Motor	
Typ	SMS-53
Arbeitsweise	flüssigkeitsgekühlter Viertakt-Otto-Motor
Zylinderzahl/Anordnung	8/V
Bohrung/Hub (mm)	k. A.
Hubraum (cm³)	4250
Verdichtung	6,7:1
Leistung (PS bei U/min)	115/3200
Drehmoment (Nm bei U/min)	284/2100
Kraftübertragung	
Antrieb	Hinterräder
Kupplung	Einscheiben-Trockenkupplung
Gangzahl vor/rück	4/1
Fahrwerk	
Rahmen	Leiterrahmen
Achsen vorn/hinten	Starrachsen
Federung vorn/hinten	Blattfedern, Teleskopstoßdämpfer
Bereifung vorn/hinten	8,25-20
Allgemeine Daten	
Länge/Breite/Höhe (mm)	6395/2380/2220
Radstand (mm)	3700
Spurweite vorn/hinten (mm)	k. A.
Bodenfreiheit (mm)	265
Leermasse (kg)	3250
Nutzmasse (kg)	5000
Tankinhalt (l)	90
V max. (km/h)	85
Verbrauch je 100 km (l)	k. A.
Bauzeit	1965-1993

DIESEL
F 79-75

Diese beiden »dicken Dinger« rosten in einem Bergbaumuseum in der Nähe von Ronneburg vor sich hin. (Foto: Ralf Weinreich)

WEITERE INTERESSANTE BÜCHER ZUM THEMA

Die IFA Typen W 50 und L 60 sorgten in der DDR für industriellen Erfolg. Vergessen sind diese Erzeugnisse des volkseigenen Fahrzeugbaus jedoch nicht, wie dieser Band mit viel Zeitkolorit beweist.
144 Seiten, 221 Abb., 210x280 mm
ISBN 978-3-613-04321-3
€ 19,95 | € (A) 20,60

In den 1946 enteigneten den Phänomen-Werken in Zittau entstanden ab 1950 wieder Lastwagen, zunächst unter dem Namen Phänomen Granit. Doch bald darauf führte man den Markennamen »Robur« ein. Mit ihm wurde der 1961 eingeführte Robur LO 2500 zur Legende. Bis zur Wende wurde der »Ello« mehr oder minder unverändert noch weitergebaut.
128 Seiten, 160 Abb., 210x280 mm,
ISBN 978-3-613-04493-7
€ 24,90 | € (A) 25,60

Die Mitte der 50er-Jahre eingeführten Frontlenker der RT-Serie gehörten über Jahrzehnte zum Straßenbild der DDR. Dieser Band beschreibt die schweren Frontlenker und Busse des tschechischen Lastwagenherstellers Skoda von 1945 bis heute.
232 Seiten, 300 Abb., 230x265 mm,
ISBN 978-3-613-04562-0
€ 39,90 | € (A) 41,10

Die Lastwagen des tschechischen Herstellers Tatra mit ihrem Zentralrohrrahmen gelten als unverwüstlich. Michael Dünnebier und Ralf Weinreich beschreiben die schweren Hauber und Frontlenker von Tatra seit 1945, geben Tipps zur Restaurierung und Einblick in die Oldtimer-Szene.
240 Seiten, 300 Abb., 230x265 mm,
ISBN 978-3-613-04413-5
€ 39,90 | € (A) 41,10

Leseproben zu allen Titeln auf unserer Internetseite

Stand Juni 2024
Änderungen in Preis und Lieferfähigkeit vorbehalten.

Überall, wo es Bücher gibt, oder unter
WWW.MOTORBUCH-VERSAND.DE
Service-Hotline: 0711 / 78 99 21 51

Motor buch Verlag

www.facebook.com/MotorbuchVerlag

WEITERE INTERESSANTE BÜCHER ZUM THEMA

In knapp 34 Jahren Bauzeit über drei Millionen Mal produziert - kein Zweifel, der Trabant war ein echtes Erfolgsmodell. Völlig zu Recht also hat der Kleinwagen mit seiner Karosseriebeplankung aus Duroplast Kultstatus erlangt, auch wenn er seinen großen Zuspruch eher seiner Alleinstellung am »Markt« verdankte. Frank Rönicke hat das alles noch selbst erlebt - die langen Lieferzeiten, den Zweitakt-Duft und den typischen Klang. Nüchtern und ohne nachträgliche Überheblichkeit beschreibt der angesehene Autor hier die von Pleiten, Pech und Pannen geprägte Geschichte des legendären »Plastebombers«. Ein hochinteressantes und reizvoll bebildertes Buch, das sich so spannend liest, wie ein Krimi.
242 Seiten, 230 Abb., 210x242 mm
ISBN 978-3-613-04641-2
€ 34,90 | € (A) 35,90

Mit seinen vier Türen, der zumindest in den Anfangsjahren großen Karosserieviefalt und der schmucken Ausstattung war der Wartburg 1956 das Aushängeschild der DDR-Autobauer. Doch Planwirtschaft und das hartnäckige Festhalten an der veraltenen Zweitakttechnik brachten den Eisenacher Traumwagen immer weiter ins Hintertreffen, denn in den 1960er Jahre verschwanden die charmanten Limousinen, Cabrios, Kombis und Coupés, um graubrothafter Vernunft Platz zu machen, alles andere passte nicht mehr ins sozialistische Weltbild. Doch der Zweitaktmotor, der blieb – wie Frank Rönickes reich illustrierte Typen-Monografie bestens nachvollziehen lässt.
224 Seiten, 400 Abb., 210x242 mm
ISBN 978-3-613-04679-5
€ 34,90 | € (A) 35,90

Leseproben zu allen Titeln auf unserer Internetseite